ÉTUDES

SUR

LA VIPÈRE CORNUE (BICORNE)

Du Sud de l'Algérie

ÉTUDES

SUR

LA VIPÈRE CORNUE (BICORNE)

DU SUD DE L'ALGÉRIE

Par le Docteur L. T. TISSEIRE

DE FANJEAUX (AUDE)

MÉDECIN-AIDE-MAJOR DE L'ARMÉE, MEMBRE DE PLUSIEURS SOCIÉTÉS SAVANTES, ETC

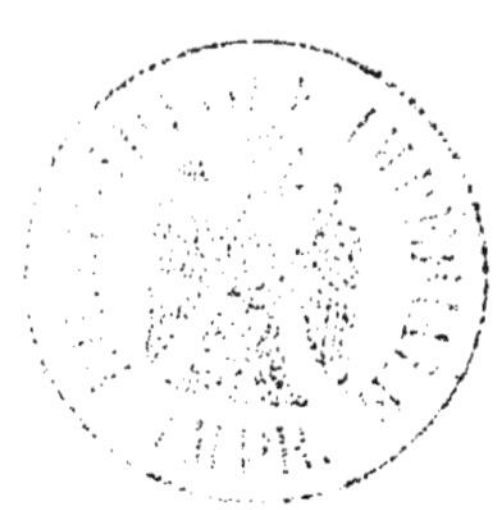

Un livre doit être un bienfait
RÉVEILLÉ-PARISE.

ALGER

CHEZ TISSIER, LIBRAIRE-ÉDITEUR, RUE BAB-EL-OUED

MAISON PICON.

—

1858

DE LA VIPÈRE CORNUE (BICORNE)

DU SUD DE L'ALGÉRIE.

Si le Sud a ses animaux d'utilité et de luxe, comme le chameau, le cheval, l'autruche..., il possède aussi ses animaux dangereux. Parmi ces derniers, le *céraste* ou *vipère à cornes* occupe de beaucoup le premier rang à cause de son redoutable venin. Aussi, ai-je pensé qu'il était surtout du ressort d'un médecin de faire l'étude sérieuse de ce reptile, et d'entreprendre des expériences dans le but de trouver le spécifique d'une morsure le plus souvent mortelle.

Attaché pendant plus de quinze mois aux ambulances de Laghouat, pays où les vipères cornues sont très-répandues, j'ai pu les observer, en quelque sorte, chez elles, d'autant mieux qu'outre mes nombreuses excursions dans les localités où on les rencontre le plus communément, j'en ai gardé plusieurs enfermées vivantes, pendant près d'une année, dans une grande caisse qui servait à mes observations. La paroi supérieure de cette cage étant remplacée par un treillis à claire-voie, il m'était ainsi permis de les examiner à toute heure, de près et sans danger. Au centre du treillis se trouvait un trou pour introduire les vipères bicornes, ou les animaux qui devaient servir à mes expériences ; mais il était solidement fermé par une sorte de manchon en drap, que l'on serrait au dehors, au moyen d'une coulisse.

Le but que je voulais surtout atteindre, était de découvrir un traitement sûr, un spécifique capable de neutraliser les effets du venin lorsque celui-ci avait été déjà absorbé ; car la plupart des malheureux mordus par les vipères bicornes négligent un traitement local énergique, ou, malgré ce traitement, voient se déclarer chez eux les plus funestes accidents.

Entraîné par un sentiment de curiosité et aussi par le besoin d'être utile, j'ai bravé la répulsion et les dangers d'une série de recherches hardies et consciencieuses. Soutenu par l'espérance, j'ai oublié les insuccès de ceux qui avant moi ont vainement cherché à neutraliser le venin des serpents venimeux ; j'ai bravé la difficulté du but à atteindre, ironiquement exprimée par ces vers du spirituel Désaugiers :

> ....j'aurais trop à m'occuper
> Si j'entreprenais de détruire
> Tous les êtres qu'on voit ramper.
> *(Le Nouveau Monde.)*

Dans l'intention d'éviter de longs tâtonnements, j'ai d'abord essayé les substances qui ont été le plus vantées, en particulier, par Fontana, qui prétend avoir fait plus de six mille expériences ; mais aucune d'elles ne m'a donné de résultats satisfaisants. Je me suis mis alors à l'œuvre, et j'ai eu le bonheur de constater que le suc de l'*euphorbia guyoniana*, que personne n'a indiqué avant moi, jouit des propriétés les plus précieuses pour combattre le venin de la vipère bicorne, même lorsque ce venin a été absorbé. Non seulement il prolonge l'existence de certains animaux mordus par des vipères bicornes, mais encore il prévient chez d'autres tout fâcheux accident. Fort de mes succès, je n'hésite plus à avancer que ce suc doit-être désormais mis en usage préalablement à tout autre antidote.

CHAPITRE PREMIER.

§ 1er. — Historique. — Dénomination.

Je ne m'arrêterai pas à l'historique de la vipère bicorne, car je me suis surtout proposé d'atteindre un but pratique. Je n'ai pas, je l'avoue, constaté sans surprise, que ce reptile n'a été jusqu'ici l'objet d'aucun travail sérieux ou spécial, quoique beaucoup d'auteurs en aient fait mention et qu'il soit très commun dans plusieurs contrées. Mille superstitions plus ou moins absurdes sont encore en vogue chez les indigènes qui habitent les régions où on le trouve : superstitions consignées même chez les auteurs les plus modernes et les plus recommandables. J'aurai le soin d'en parler plus bas, à mesure que l'occasion s'en présentera.

Ainsi que je l'ai dit, la vipère bicorne est connue depuis les temps les plus reculés (1). Comme preuve, je me contenterai d'emprunter à Lacépède le passage suivant : « C'est apparemment sa conformation remarquable (ses deux cornes), qui, jointe à ses qualités vénéneuses et peut-être à ses habitudes naturelles, l'aura fait observer avec attention par les premiers Egyptiens, et les aura déterminés à placer de préférence son image parmi les diverses figures hyéroglyphiques. Elle se trouve gravée sur les monuments de la plus haute antiquité que le temps laisse encore subsister sur cette fameuse terre d'Egypte. On la voit représentée sur les obélisques, sur les colonnes des temples, aux pieds des statues, sur les murs des palais, jusque sur les momies. Un double

---

(1) La plus ancienne mention qui en soit faite, est sans doute celle que l'on trouve dans la *Genèse*, où Jacob dit en parlant de Dan : « Dan sera un serpent dans sa manière d'agir, mordant le pied du cheval pour faire tomber le cavalier derrière sa monture.

intérêt anime donc la curiosité relativement au Céraste. Une connaissance exacte de ses propriétés et de ses mœurs doit être recherchée par les naturalistes, car elles serviront peut-être, à découvrir en partie le sens de cette langue religieuse et politique qui nous transmettrait les antiques événements et les opinions des célèbres et belles contrées de l'Orient. »

On a donné à la vipère dont je m'occupe une foule de noms différents basés sur l'analogie, sur des caractères saillants ou sur le caprice des auteurs. Pour éviter de surcharger la mémoire, je me contenterai de rappeler les dénominations de *céraste* (du grec, xéras, corne), adoptée par la plupart des savants, et de *vipère à cornes* (lefaà el gorn), généralement usitée dans les contrées qu'elle habite. Mais je crois devoir proposer et adopter désormais la dénomination de *vipère bicorne* (surcilli cornuti), parce qu'elle est plus précise et qu'elle indique le caractère le plus remarquable de ce reptile, en même temps qu'elle le différencie de l'*ammonyde* ou aspic cornu.

§ 2. — Mœurs, Habitudes.

Comme je viens de le dire, la vipère B. est trop remarquable pour n'avoir pas attiré l'attention à toutes les époques. Aussi la trouve-t-on représentée sur les plus vieux monuments des Egyptiens et décrite par un très-grand nombre d'auteurs naturalistes. Je ne citerai parmi les anciens que Pline, Aétius, Bélon, Rai, Gabrielli, Gessner, Valmon de Barnave, Charles Owen, Lacépède, Méad, etc. Mais ce qu'il y a de plus surprenant, c'est que malgré ce grand nombre d'observateurs, l'histoire exacte de la vipère B. ait été altérée par mille faits étranges, et remplacée par des traits empruntés pour la plupart à la mythologie ou à la superstition. Peut-être en trouvera-t-on la raison dans ce que les auteurs n'ont pu étudier assez longtemps la vipère sur les lieux, qu'ils ont dû puiser leurs renseignements à des traditions infidèles et auprès de gens que l'effroi avait empêchés de bien observer. Je ne citerai que quelques exemples de ces erreurs créées par une imagination plus qu'orientale.

Voici d'abord, en abrégé, une légende que j'ai entendu conter dans un café maure. La vipère B. aurait été jadis un reptile très-inoffensif et paré des plus brillantes couleurs. Les plus puissants chefs de grandes tentes se plaisaient à en avoir chez eux, à côté de leurs faucons favoris (1).

Un chef de grande tente élevait un de ces reptiles avec la plus tendre affection. Tout heureux de voir ses deux filles se disputer les caresses de son beau serpent chéri, il disait un jour en riant : que si le tentateur d'Eve avait autant d'amabilité et de charmes que son protégé, notre mère Eve était très excusable d'avoir failli.

Mais un cruel événement vint le faire repentir de ses badines paroles. Car, ajouta le conteur, au bout de peu de jours. cet hôte ingrat s'enfuyait après avoir ravi à chacune de ses filles, *sa précieuse pureté.*

L'infortuné père implora mille fois Allah pour avoir justice de son déshonneur. Il fut exaucé ; et dès ce moment le *perfide* marqué au front de deux cornes perdait sa forme gracieuse et ses couleurs brillantes, pour prendre l'extérieur *ignoble* qu'il conserve aujourd'hui.

Plusieurs Arabes prétendent que la vipère B. n'a point d'yeux, — d'autres qu'elle meurt quand elle a mordu un homme.

Des chameliers m'ont soutenu cette opinion dangereuse : qu'une vipère B qui viendrait de boire ne pourrait faire de morsure funeste, parce que l'eau aurait lavé son venin.

J'ai pu, à la suite de mes nombreuses excursions, rectifier l'étrange erreur, que ce reptile aurait l'habitude de se ca-

---

(1) Les Romains élevaient dans leurs maisons quantité de serpents familiers, et l'on sait que César en avait souvent un enroulé autour de son bras, pendant qu'il était grand Pontife. Cet usage était fort répandu chez plusieurs peuples de l'antiquité.

cher dans les trous voisins des grands chemins et particulièrement dans les ornières, pour se jeter à l'improviste sur les voyageurs.

Certains Lybiens, connus sous le nom de Psylles, se faisaient forts, dit-on, de jouer impunément avec la vipère B. et d'en maîtriser à volonté les mouvements et le poison..... à condition, sans doute, que les crochets à venin eussent été préalablement arrachés.

Des Arabes du grand désert m'ont assuré que, vers le centre de l'Afrique, dans ce qu'ils appelaient le pays des Nègres, la vipère B. avait ses autels et ses adorateurs, tout comme le Daboie et autres serpents très-doux appelés *fétiches* ou serpents conservateurs, qui ont des temples desservis par de jeunes prêtresses ayant pour mission de soigner ces serpents très redoutables aux reptiles malfaisants. Ainsi ces braves gens ressemblent à ces personnes prudentes à leur façon, qui adressent leurs supplications à Dieu et au Diable, pour prévenir tout fâcheux événement.

Il me suffira de transcrire le passage suivant pour prouver qu'il est dicté par la superstition. « A peu de distance de notre camp (Kasr el Naga), près d'Insalah, dans le grand désert du Sahara, nos éclaireurs avancés virent quelques-unes de ces vipères (lefaâ) qui portent deux petites cornes sur le front, et dont la morsure est mortelle : mais ils se gardèrent bien de les tuer, car il est connu que c'est un bon présage de trouver une vipère en partant, et qu'en ne la tuant pas on laisse le mal derrière soi. Mais une fois en route, on ne l'épargne plus. »

La vipère B. habite particulièrement l'Egypte et l'Arabie ; elle est aussi très commune dans nos possessions d'Afrique les plus méridionales. « C'est le serpent du désert par excellence ; il le caractérise en quelque sorte parmi les ophidiens, comme l'autruche parmi les oiseaux, et la gazelle parmi les mammifères. » (M. Guyon.) On en trouve beaucoup aux environs d'Ouargla, comme j'ai pu le vérifier en accompagnant les premières troupes expéditionnaires qui aient visité ce point extrême de nos possessions. Elle y est fort redoutée. Des Arabes du Sahara m'ont même assuré qu'ils portaient des chaussures surtout pour se protéger contre les morsures des vipères B. Cette opinion a été relatée par M. le général Daumas : « Ne marchez jamais les pieds nus ; le terrain pierreux les meurtrit et le sable les brûle..., cette précaution surtout est à prendre contre les vipères qui dorment sous le sable et dont les morsures sont toujours mortelles. » (*Le Grand Désert.*)

Les vipères B. abondent aux environs de Laghouat, où on les rencontre surtout dans les endroits montueux et pierreux. dans les *halfa* et dans les sables. Elles préfèrent les endroits solitaires ; mais on les voit parfois se rapprocher des tentes et des habitations. Les Arabes commis à la garde de l'oasis de Laghouat m'ont assuré qu'ils en avaient trouvé dans les jardins.

Contrairement à la plupart des autres serpents qui aiment l'humidité, les vipères B. semblent affectionner les endroits secs et arides. Ce n'est que pendant l'été et pendant les heures les plus chaudes de la journée qu'on les voit rechercher l'ombre et la fraîcheur. Je pouvais souvent m'assurer de ce fait à l'aide des vipères que je retenais prisonnières et qui recherchaient avidement l'ombre des parois de la caisse, dès que le soleil élevait le thermomètre au-dessus de 40 à 45° centigrades. Elles se tenaient constamment ramassées ou repliées en zig-zag, très rarement en spirale. Leur tête était toujours placée au fond d'un arc de cercle formé par un ou plusieurs replis du corps, afin qu'elle se trouvât protégée. Je les voyais se placer souvent les unes au-dessus des autres ; mais jamais elles ne s'entrelaçaient. Celles qui étaient au-dessous supportaient les autres sans manifester d'impatience. La captivité les attristait profondément. Les nouvelles prisonnières que je joignais aux anciennes, faisaient pendant les premiers jours des efforts répétés pour tâcher de recou vrer leur liberté. Leurs allures rapides indiquaient une grande irritation ; mais comme si elles comprenaient l'impuissance de leurs tentatives, elles allaient bientôt se placer à côté de leur compagnes d'esclavage, retirées dans un coin de la caisse, pour y confondre ensemble leur langueur. Là, dévorant leur rage impuissante, elles tombaient peu à peu dans une sombre résignation.

Il est plus que douteux pour moi, qu'à l'état de liberté elles vivent en réunion, excepté à l'époque de leurs amours ; car, dans mes excursions, je les rencontrais isolément. Du reste, quand on les surprend, pendant l'hiver, sous des rochers ou dans des trous, il est rare qu'on en rencontre plusieurs ensemble. Aussi, les auteurs ont-ils fait une description toute imaginaire en racontant qu'on les surprenait souvent dans des cavernes, entrelacées entre elles et faisant entendre des sifflements aigus.

Engourdissement. — Pendant l'hiver, les vipères B. éprouvent un engourdissement de quelques mois. Dans la région de Laghouat, cette torpeur dure de novembre en mars. On comprend que le sommeil est d'autant plus court, que la région est plus chaude. Aussi, près d'Ouargla, avons-nous pu surprendre deux vipères qui rampaient au soleil, au mois de décembre, c'est-à-dire au cœur de l'hiver. En général, on les voit sortir sur les bords de leurs trous dès que les premiers jours chauds du printemps se font ressentir. Je les ai souvent surprises à cette époque, dans des endroits abrités, étalant au soleil leur corps encore à demi engourdi. Elles passaient ainsi étendues, les heures les plus chaudes de la journée, dans une immobilité presque absolue, de sorte que le vent les recouvrait de sable et les rendait très difficiles à apercevoir. Mais quelques jours après, la circulation, ayant repris un rythme plus rapide, rappelait, en quelque sorte, une plus grande somme de vie et avec elle tous ses besoins. Le premier qui se fait sentir, après cette longue diète, est celui de la faim ; malheur alors aux petits animaux !

Nourriture. — La vipère B. n'aime point à être troublée dans ses chasses ni dans ses repas. Aussi n'ai-je pu en voir qu'une seule au moment où elle achevait de dévorer un petit lézard. Ce qu'il y a de certain, c'est qu'elle sait attendre avec une patience admirable le moment de se précipiter sur sa proie. Son élan est si précis, que sans doute elle ne lui échappe jamais. Je l'ai souvent vérifié pendant le cours de mes expériences. Sa nourriture est assez variée, comme j'ai pu m'en assurer par de nombreuses dissections. Elle ne dédaigne pas les petits insectes, mais il est douteux qu'elle puisse, comme on l'a avancé, les prendre à l'aide de sa langue, à la manière d'autres serpents et des quadrupèdes ovipares. Elle aime surtout les vers, les coléoptères, les petits lézards, les grenouilles, les oiseaux, et ne craint même pas de faire sa proie de scorpions et surtout de crapauds : exemple trop rare où le mal est détruit par le mal !

Quand la proie est assez forte, il faut d'abord la maîtriser. Alors, à l'exemple des autres serpents, après l'avoir mordue et pénétrée de son venin subtil, elle la retient en se roulant vigoureusement autour d'elle; et parfois, afin de la broyer plus facilement, elle s'aide des arbustes, des pierres, etc. Viennent ensuite la préhension et la déglutition : si la masse des aliments est trop considérable, comparativement à l'ouverture du gosier, la respiration se trouve très gênée ; la circulation diminue, les forces sont anéanties, et le reptile reste plongé dans la torpeur. C'est dans cet état que je surpris la plus grande partie des vipères B. que j'ai pu encore voir. Etendue sur le sable à l'abri d'un rocher, exposée aux rayons du soleil d'avril, l'une d'elles semblait savourer deux gros crapauds que j'ai retrouvés plus tard dans son estomac. Son regard à demi voilé exprimait une sorte de voluptueuse somnolence. Quand elle m'aperçut, elle fit des mouvements qui étaient très gênés par le volume de son ventre (*trahens inglorius alvum* Virg.) Sa gueule s'ouvrait machinalement pour chercher à mordre, et ses grands crochets à venin se mouvaient avec une gravité effrayante. Comme j'étais dépourvu des moyens nécessaires pour l'emporter vivante, je la tuai. En la disséquant, son estomac et une partie de son tube digestif étaient remplis d'aliments à moitié digérés, composés de débris de lézards, de coléoptères et des deux gros crapauds. C'était une femelle que je venais de détruire et avec elle quatorze œufs du volume d'un gros pois, placés dans ses poches membraneuses considérées comme des utérus.

Si la vipère B. mange goulûment et en liberté, chose remarquable ! elle peut et sait vivre très longtemps sans manger ni boire ; c'est peut-être le reptile qui résiste le mieux aux privations de toute nature, surtout à la soif. L'auteur du vieux quatrain français imprimé au-dessous du *portrait de la céraste*, n'avait pas oublié de mentionner ce privilège d'abstinence :

Cette céraste a comme deux cornettes
Dessus les yeux et se passe de *boire*.
Plus que serpent qu'il est possible croire
Remplies sont de poison telles *bestes*.

Cependant je ne puis ajouter foi à l'assertion de Shaw, qui prétend en avoir conservées vivantes pendant cinq ans, quoiqu'elles fussent hermétiquement renfermées dans une bouteille. Pour mon compte, je puis garantir l'exemple de cinq vipères B. qui sont restées renfermées dans une grande caisse pendant près d'une année, et qui ont toujours refusé de manger et de boire. Deux d'entr'elles avaient même été prises pendant la saison d'hiver et n'avaient, à coup sûr, rien avalé depuis la fin de l'automne. J'ajoute comme *critérium* de ce que j'avance, que les ayant très exactement disséquées (après les avoir fait périr au moyen de l'eau bouillante) j'ai trouvé chez *toutes*, le tube digestif complètement privé d'aliments solides ou liquides : il devait en être forcément ainsi, car jamais je n'avais vu disparaître les animaux ou les boissons qu'on leur donnait : les souris, les grenouilles, les petits lézards, les insectes, les oiseaux, le lait, etc., étaient dédaignés. J'ajouterai à ce sujet quelques particularités.

Quand j'introduisais une victime dans la caisse, les vipères B. semblaient indifférentes et regardaient à peine ces nouveaux prisonniers qui s'épuisaient en mille efforts pour recouvrer leur liberté. Si elles fesaient quelques mouvements, c'était pour promener encore fois une leur langueur ou pour essayer de mordiller avec rage les petits barreaux de leur prison : mais quand je les excitais à l'aide d'une baguette, ou lorsqu'un prisonnier provoquait leur impatience, les *cérastes* saisissaient dans leur gueule, avec une agilité incroyable, cette malheureuse victime qui payait, par une mort cruelle et rapide, ses imprudentes importunités. La vipère semblait alors reprendre son calme et avoir déposé sa colère avec son venin, elle laissait là l'animal qu'elle venait de tuer, et n'y touchait plus quoiqu'il lui fut abandonné pendant deux ou trois jours. Malgré cette longue diète, la maigreur de nos reptiles n'était pas sensible.

Changement de peau. On sait que chez les reptiles la peau se renouvelle au moins une fois par an. Ce renouvellement, indépendant de ceux qui peuvent survenir plus tard, s'accomplit toujours pendant l'hivernage. Voici, du reste, comment les choses se passent. Quand cette peau a été altérée par un accident ou par le temps exigé physiologiquement, les sucs destinés à l'entretenir cessent de s'y porter et commencent à en former une nouvelle au-dessous. Ceci explique comment il se fait que, n'importe à quelle époque l'on prenne des vipères B., on les trouve toujours revêtues d'une double peau : de l'ancienne qui est plus ou moins altérée, et de la nouvelle placée au-dessous et plus ou moins formée. Au mois de juillet 1856, j'ai pu suivre, en quelque sorte, de mes yeux, les phases de ce changement de peau sur trois vipères B. enfermées dans ma caisse. Chez ces reptiles, dont la peau était jaunâtre et presque brillante, au moment où ils avaient été pris (en mars et avril), cette peau était devenue de plus en plus terreuse et ridée. Deux ou trois jours avant de subir leur *mue*, les trois vipères paraissaient souffrantes; elles restaient immobiles après avoir eu le soin de se placer dans un endroit resserré, entre une grande tasse et les parois de la caisse, afin de s'aider ainsi à dépouiller la vieille peau.

On a prétendu que cette dépouille était toujours retournée à l'envers, comme on pourrait le faire d'un fourreau ou d'un doigt de gant, que le dépouillement commençait par la tête et que la peau s'offrait entière, sauf le trou fourni par la gueule. Il est rare que la dépouille reste complète, surtout chez les vipères B. où les cornes peuvent fournir un obstacle, mais le dépouillement doit rarement commencer par la tête où la peau est le plus fortement fixée ; très rarement aussi, la vieille dépouille est retournée; car, comme je l'ai vu chez les trois reptiles, leurs efforts et leurs frottements la ridaient, la fronçaient, la ramenaient vers la queue, mais ne la retournaient pas. Il fallut de 4 à 6 heures pour que chaque vipère fut complétement débarrassée. L'aiguillon de la queue seul ne se dépouillait pas. J'ai pu très bien constater que la cornée s'était détachée en entier, ainsi que les paupières de nature écailleuse qui l'entouraient. C'était donc la deuxième parure nouvelle que prenaient ces trois vipères depuis l'hiver; auraient-elles éprouvé le même phénomène en liberté?

La peau nouvelle est brillante et offre pendant quelque temps un reflet orange qui fait oublier l'*horror* et la répulsion qu'inspirent la vue de ces reptiles. Les anciens avaient donc raison de regarder cette opération comme une sorte de rajeunissement, comme une espèce de dépouillement de la vieillesse. En effet, les trois reptiles que j'ai cités avaient repris une vivacité inaccoutumée et semblaient, par leurs efforts contre les barreaux de leur prison, prouver qu'ils ressentaient plus vivement leur captivité.

§ 3. — Accouplement.

Revêtue d'une peau nouvelle, pénétrée d'une chaleur plus vive et ayant réparé toutes les pertes éprouvées par le froid et la diète, la vipère B. va à la recherche d'une compagne. C'est vers le mois de mars ou d'avril qu'a lieu l'accouplement. Un animal qui paraît né pour détruire devait-il donc aussi sentir la félicité de l'amour ? « Pourquoi faut-il qu'à cette époque la même chaleur qui anime tout son être, qui exalte son venin, qui ajoute à ses forces meurtrières rende aussi plus vif chez lui le sentiment qui le porte à se reproduire?» Mais, comme s'il sentait qu'il va créer une race maudite, il recherche les endroits les plus solitaires pour se livrer à ses amours. Aussi n'ai-je jamais pu surprendre ces animaux pendant leur accouplement, malgré mes nombreuses excursions. Les couples de vipères cessaient toujours leurs ébats et se séparaient à mon approche.

Il n'y a pas de fable qu'on n'ait débitée sur l'accouplement de la vipère B. Les anciens, amis du merveilleux, ont écrit entr'autres choses que le mâle faisait entrer sa tête dans la gueule de la femelle, et que celle-ci ne manquait pas de couper la tête de l'imprudent amoureux au lieu de lui rendre ses caresses, etc., etc. Ce qui me paraît plus certain, d'après l'analogie puisée chez les reptiles les plus voisins, c'est que le mâle et la femelle dont les corps sont très flexibles se replient l'un autour de l'autre et se serrent de si près qu'ils représentent deux cordes tressées ensemble, paraissant ne faire qu'un seul corps à deux têtes. Le mâle fait alors sortir par son anus les parties destinées à féconder sa femelle et il y a introduction. Je les ai parfaitement aperçues sur une vipère B. qui venait de périr très rapidement par l'eau bouillante. Elles étaient doubles, rouges et arrondies, supportées chacune par un pédicule et hérissées de petits piquants blanchâtres très durs ; leur volume égalait celui d'un petit pois.

Sans qu'elles restent pendant plusieurs jours entrelacées, comme on l'a avancé, cette union intime doit pourtant se prolonger longuement ; cela est nécessaire pour une bonne fécondation puisque la liqueur séminale ne peut s'échapper que peu à peu. On ne sait pas d'une manière précise le temps pendant lequel la vipère B. porte : probablement, comme la vipère commune, c'est à-dire quatre à cinq mois. Quant à la question d'éclosion qui a été si chaudement débattue, et sur laquelle on ne paraît pas fixé, je suis porté à croire que la vipère B. est *ovo-vivipare*, c'est-à-dire que, semblable en cela aux autres serpents venimeux, ses œufs font toute leur évolution dans le ventre de leur mère, où éclosent les petits. A l'analogie je puis joindre un fait qui m'est particulier : ayant disséqué immédiatement après sa mort, une grosse vipère femelle, je trouvai dans deux espèces de poches représentant les ovaires ou plutôt l'utérus, treize œufs divisés en deux paquets et unis entr'eux par une espèce de membrane séro-muqueuse très fine ; à côté des œufs se trouvaient trois petits déjà éclos, ayant le volume d'une petite plume. Les œufs étaient assez limpides et laissaient apercevoir le petit vipéreau roulé dans l'intérieur. Ils avaient le volume *d'un gros pois*. L'on est donc tombé dans l'exagération en avançant qu'au moment de l'éclosion les œufs de la vipère B. pouvaient devenir aussi gros que des œufs de merle ou de pigeon.

§ 4. — Caractères anatomiques.

Ces caractères sont d'une grande importance, car ils peuvent faire reconnaître, même à distance, l'espèce de reptile dont nous nous occupons. Je donnerai surtout les caractères extérieurs, et je m'efforcerai de relever les erreurs qu'on a pu commettre dans les descriptions qui ont été faites jusqu'à ce jour.

1° Description générale.

Forme. — La forme de la vipère B. est semblable à celle

de tous les autres reptiles apodes que tout le monde connaît. De plus, l'étude exacte des dimensions donnera une idée précise de la forme.

Dimension. — La vipère B. est aussi petite, aussi faible en apparence, que son venin est dangereux. On s'accorde à lui donner une longueur de deux pieds. J'en ai mesuré plus de trente qui m'ont donné en moyenne une longueur semblable : et si j'en ai possédé qui n'avaient que 40 centimètres de long, deux m'ont donné en longueur près de 80 centimètres. D'après les renseignements que j'ai pu prendre, elles seraient plus grandes vers les régions équatoriales. Comme il m'a paru important de connaître avec précision la longueur totale de la vipère B. et surtout la longueur relative de ses diverses parties, j'ai entrepris des mensurations patientes sur un grand nombre d'*individus*. Mais pour éviter d'être fastidieux, je me contenterai de présenter en résumé et en regard, dans un seul tableau, les mesures fournies :

1° Par un individu de petite taille.
2° — de taille moyenne.
3° — de grande taille.

A l'aide du plus simple travail de l'esprit, on pourra se rendre compte des dimensions intermédiaires.

Ce tableau, dont les chiffres sont rigoureusement précis, peut fournir certaines remarques. D'abord, l'on peut constater que la longueur de la queue est très peu considérable proportionnellement à celle du corps. Aussi les auteurs les plus recommandables se sont-ils trompés, en accordant à cette queue une longueur de cinq à six pouces. Elle n'équivaut généralement qu'à la dixième partie de la longuenr totale. Je n'ai jamais pu observer, quoi qu'on l'ait écrit, que la queue du mâle fût plus grande que celle de la femelle.

D'un autre côté, les cornes n'ont pas une longueur proportionnelle à celle du corps : c'est-à-dire que deux vipères d'inégales dimensions, peuvent offrir des cornes d'une longueur semblable.

DIMENSIONS TOTALES ET RELATIVES D'UNE VIPÈRE B.

1° VIPÈRE DE PETITE TAILLE.			
LONGUEUR TOTALE 40 CENTIMÈTRES	TÊTE.	QUEUE.	CORNES.
Circonférence du milieu du corps, 6 centimètres 1/2. Circonférence du cou à sa naissance, 3 centimètres. Circonférence de l'extrémité anale 2 centimètres 6 millimètres.	Longueur antéro-post., 2 centimètres 3/4. Diamètre transversal de la partie post. 2 centimètres 1/2. Diamètre de la partie antérieure, 1 centimètre 3 millimètres.	Longueur totale, 4 centimetres 2 millimètres. Circonférence de la queue à sa naissance, 1 centimètre 8 mill. Circonférence médiane, 1 centimètre 2 millimètres. Longueur d'aiguillon, 4 millimèt.	Longueur, 8 millimètres. Diamètre transversal de la base, 1 millimètre 1/2. Diamètre du milieu de la hauteur, 1 millimètre.
2° VIPÈ E DE MOYENNE TAILLE.			
LONGUEUR TOTALE 50 CENTIMÈTRES	TÊTE.	QUEUE.	CORNES.
Circonférence médiane, 8 centim. Circonférence du cou, 3 cent. 1/2. Circonférence de l'extrémité anale, 3 centimètres 4 millimètres.	Longueur ant.-post., 3 centimètres Long. transv. post., 2 centim. 3/4. Dimension transversale antérieure, 1 centimètre 4 millimètres.	Longueur totale, 4 centimètres 4 millimètres. Circonférence antérieure, 2 cent. Circonférence moyenne, 1 centimètre 1/2. Aiguillon, 5 millimètres.	Longueur, 8 millimètres. Diamètre de base, 1 millimètre 1/2. Diamètre du milieu, 1 millimètre.
3° VIPÈRE DE GROSSE TAILLE.			
LONGUEUR TOTALE 70 CENTIMÈTRES	TÊTE.	QUEUE.	CORNES.
Circonférence médiane, 9 centimètres 1/2. Circonférence du cou, 4 centimètres 1/4. Circonférence anale, 5 centimèt.	Longueur ant. post., 4 centimètres. Diamètre transversal postérieur, 3 centimètres 1/2. Diamètre transversal antérieur, 1 centimètre 7 millimètres.	Longueur totale, 7 centimètres. Circonférence à sa naissance, 2 centimètres 1/2. Longueur d'aiguillon, 6 millimèt.	Longueur, 1 centimètre. Diamètre de base, 2 millimètres. Diam. médian, 1 millimètre 1/2.

Les dimensions de la tête, consignées aussi dans le tableau, indiquent qu'elle est très grosse, surtout relativement au cou. Aplatie et très large postérieurement, elle donne à l'animal un aspect féroce. Cette tête triangulaire, mais à angles mousses, peut être heureusement comparée à un cœur de cartes à jouer, dont l'angle aigu aurait été émoussé.

Couleur générale. Par une heureuse prévision de la nature, la vipère B. est si mal partagée en fait d'attributs extérieurs, qu'à première vue on sent instinctivement pour elle une vive répulsion, trop justifiée, hélas ! par les fatales propriétés dont elle est douée. Les anciens et les poètes, qui ont placé le serpent pour symbole de terreur et d'effroi sur la tête des Euménides, qui en ont affublé l'Envie, dont il déchire le cœur, la Discorde, dont il arme les mains sanglantes... n'auraient pas manqué, pour rendre plus fortement leur idée, de choisir la vipère B. s'ils l'eussent mieux connue. Lorsque Cléopâtre se fit mordre par une vipère B., comme l'assurent certains auteurs, je ne doute pas qu'elle dut se couvrir de son *velum*, avant d'offrir son bras au hideux reptile, loin de l'attirer par des caresses, comme la plupart des écrivains l'assurent.

Le dessus du corps de la vipère B. présente une couleur jaunâtre, relevée par des taches vertes et brunes, plus ou moins foncées, qui forment de petites bandes transversales et longitudinales. On a vu que cette teinte devenait plus ou moins terreuse, selon le degré d'ancienneté de la peau. L'ombre ou le soleil peuvent aussi en augmenter ou en diminuer l'éclat ; on l'a dit avec raison : le défaut de lumière paraît nuire à la vivacité des couleurs sur les écailles des serpents comme sur les pétales des fleurs.

Le dessous du corps est généralement blanc, avec une teinte azurée ; en sorte que le reptile est plus agréable à voir, quand il est retourné sur le dos que dans sa position normale.

Toutes ces couleurs sont dues à une série d'écailles que

les auteurs se sont appliqués à décrire avec un grand soin. Ils ont particulièrement étudié les grandes écailles ou *plaques* de la partie inférieure ; car, à cause de la dernière rangée de plaques subcaudales, on pourrait confondre la vipère B. avec certaines espèces de couleuvres. A leur exemple, j'ai fait une étude attentive de ces écailles, et j'ai consigné à ce sujet des détails négligés jusqu'ici.

Tout le corps de la vipère B. est recouvert d'écailles diversement colorées et de diverses grandeurs. Les petites sont relevées par une arête médiane : les grandes, ou plaques, en sont dépourvues. Elles sont imbriquées et toutes dirigées d'avant en arrière. La couleur générale (grisâtre) est entrecoupée par des rangées de taches qui forment des zones que je vais décrire exactement.

1° De la tête à l'extrémité de la queue et le long de la colonne vertébrale règne une série de taches brunes plus ou moins foncées, de forme irrégulièrement arrondie, ayant cinq à six millimètres de diamètre et distantes les unes des autres d'un demi-centimètre.

2° De chaque côté se trouve une deuxième rangée de taches parallèles aux premières et qui sont successivement brunâtres et verdâtres. Les taches verdâtres, un peu plus grandes, correspondent à l'intervalle laissé par des taches brunes médianes, et descendent plus bas sur les flancs. Au-dessous la couleur fauve générale prédomine et est interrompue par deux séries de petites taches d'un brun clair.—3° Sur la limite de la face dorsale et ventrale se trouvent deux rangées d'écailles qui prennent déjà la teinte des plaques inférieures, je les appellerai *écailles de transition*.

A la queue on voit des taches verdâtres devenir de plus en plus foncées, et vers le tiers inférieur elles deviennent noires. Je dirai en passant, que l'aiguillon qui la termine est de nature cornée, et que sa piqûre n'offre aucun danger.

Le dessus de la tête est recouvert par de très petites écailles qui ressemblent à des granulations, parfois pointillées de noir. Elles sont plus foncées à partir de l'espace compris entre les deux cornes pour aller vers l'extrémité du museau Sur les côtés de la tête, un peu supérieurement, se voit une petite zone verdâtre de trois à quatre millimètres de large qui s'arrête généralement entre les deux cornes. Immédiatement au-dessous se trouvent trois larges taches brunes : la première, située sous l'œil et sous la narine va *mourir* à l'extrémité du museau. L'autre recouvre ce que l'on appelle l'angle postérieur de la tête. La troisième est située entre les deux premières à une distance égale de chacune d'elles

La face inférieure ou ventrale est recouverte (excepté à la queue) par une série unique de grandes écailles *(plaques)* blanches, lisses, azurées, plus longues dans le sens transversal et à bords arrondis. De chaque côté, l'extrémité de chaque plaque est enchassée entre trois écailles de transition. Elles vont en grandissant successivement à portée de la tête, qu'elles recouvrent inférieurement à sa partie médiane (un demi centimètre) jusque vers le milieu du corps, puis elles vont en diminuant jusqu'à l'anus, où la dernière s'abaisse pour former une fente transversale qui est l'ouverture anale. En arrière de l'anus se trouve d'abord un groupe transversal de petites écailles, puis viennent les petites *lames*, paires subcaudales qui sont blanches et nacrées comme les grandes plaques, excepté au tiers terminal où elles deviennent brunes.

J'oubliais de dire que la partie de la face inférieure de la tête qui n'est pas recouverte par les plaques, est garnie d'écailles généralement petites et blanches, excepté sous l'extrémité du museau où se voient cinq écailles plus grandes. J'ajouterai qu'en l'absence de lèvres charnues, les rebords de la petite gueule sont formés par des écailles saillantes qui forment des espèces de lèvres dentelées.

Les naturalistes m'ont paru attacher une grande importance au nombre des plaques ventrales et à celui des paires subcaudales. Mais ils sont loin d'être d'accord :

Linnée admet : 140 grandes plaques. — 30 paires subcaudales.

Lacépède admet : 147 grandes plaques. — 63 paires subcaudales.

Hasselquist admet : 150 grandes plaques.— 50 paires subcaudales, etc.

Sur plus de vingt sujets, j'ai trouvé des chiffres beaucoup moins variables exprimés ainsi qu'il suit :

De 140 à 143 grandes plaques. — De 30 à 35 paires subcaudales.

Le nombre des côtes est généralement double de celui des plaques.

On pourra donc facilement reconnaître une vipère B. dans tout reptile long d'environ 2 pieds ; dont le dos aura une couleur jaune-grisâtre, interrompue par des taches brunâtres formant des zones en zig-zag ; dont la tête très large, postérieurement, sera surmontée de deux petites cornes, et dont la queue très courte sera munie inférieurement d'une double rangée de petites plaques.

2° Descriptions particulières.

Tête. Après ces données générales, je crois utile d'étudier d'une manière spéciale et exacte, surtout la tête de la vipère B. et ses divers organes. J'en ai décrit plus haut la couleur, les dimensions, la forme, etc. Aussi je passe immédiatement à l'étude des organes qu'elle possède.

Cornes. Si la vipère B. présente quelque chose de particulier, c'est ce double appendice qui surmonte sa tête et auquel on a, avec raison, donné le nom de cornes. La position justifie cette dénomination. Chacune de ces cornes est située au-dessus du sourcil ou si l'on veut, à la partie supéro-interne de l'œil. Ce corps allongé et pointu, a la forme d'une petite pyramide carrée, dont chaque face serait sillonnée par une rainure longitudinale. Il est comme enchâssé au milieu des petites écailles qui forment l'orbite, plusieurs même sont accolées à la corne et semblent autant de germes destinés à la remplacer lorsqu'un accident vient la détruire. Tout porte à croire que ces cornes sont formées par une réunion d'écailles qui se sont en quelque sorte accolées et allongées ; car elles sont implantées sur le corps tout comme les autres écailles, et elles s'exfolient comme elles, quand il survient quelque altération et lorsque la vipère change de peau. Ces cornes sont formées par des couches minces et imbriquées. Aucun muscle ne les pénètre, ce qui fait qu'elles ne sont pas mobiles à la volonté de l'animal, comme on l'a prétendu à tort. Mais elles sont flexibles, c'est pourquoi elles restent souvent incurvées en arrière, lorsque l'animal s'est avancé contre un obstacle qui les a forcées de s'abaisser. Leur couleur est semblable à celle des écailles de la base, c'est-à-dire d'un brun verdâtre ; mais l'extrémité libre ou la pointe est blanchâtre. Si on les coupe, elles repoussent. J'ai fait cette expérience, et il a fallu plus de trois mois pour que les cornes que j'avais retranchées fussent remplacées par de nouvelles. Ces appendices sont au nombre de deux, et jamais de quatre, quoique Pline et autres l'aient avancé. Les Arabes sont également dans l'erreur lorsqu'ils prétendent que les femelles seules ont des cornes ; car j'ai pu constater que les sujets mâles en sont toujours munis.

Existe-t-il des cérastes sans cornes, comme je l'ai lu ? J'objecterai que le caractère principal manquant, il s'agit d'une autre espèce de reptiles.

Quel est l'usage fonctionnel de ces cornes ? Il est sans doute nul et je ne les regarde que comme une espèce d'ornement de mauvais augure, qui a du moins l'avantage de faire reconnaître ce reptile. Les anciens croyaient à tort qu'il s'en servait comme appât pour attirer les petits oiseaux, qui prenaient ces éminences pour des grains d'avoine ou d'orge.

Yeux. Les yeux de la vipère B. sont petits, mais vifs ; et, comme si elle sentait la puissance redoutable du poison qu'elle porte en elle, son regard parait hardi. Son œil s'anime et brille, lorsque quelque passion l'excite. J'ai même remarqué sur des vipères séchées au soleil et mortes depuis plusieurs mois, une sorte de foyer de vie dans les yeux qui a suffi pour faire frissonner plusieurs personnes devant lesquelles je maniais ces reptiles.

L'œil est situé sur le côté antéro-supérieur de la tête et de forme à peu près ronde, car le diamètre antéro-postérieur a 5 millimètres, et le vertical 4 millimètres. Il est de couleur fauve ; la prunelle seule est d'un vert foncé et a la forme d'une fente verticale, c'est-à-dire perpendiculaire à l'axe du corps ; il n'y a pas de paupières ; mais la prunelle pouvant se contracter ou se dilater, admet un grand nombre de rayons lumineux ou arrête ceux qui nuiraient à cet organe. Les yeux ne sont recouverts que par une sorte de voile unique et immobile qui est enchâssé au pourtour de l'orbite comme un verre de montre, et qui laisse traverser la lumière ; cette absence de paupière explique la fixité du regard. D'après sa situation, l'œil peut recevoir l'image d'un espace très étendu ; aussi tous les observateurs assurent que la vipère B. est douée d'une vue excellente, ce que j'ai pu constater souvent.

Narines. Parfois difficiles à apercevoir, elles apparaissent à l'extrémité du museau, un peu peu en avant de l'œil. Elles sont représentées par deux petits trous arrondis. Leur pourtour est complètement immobile. L'odorat m'a paru être assez développé.

Ouïe. Je n'ai jamais pu découvrir à l'extérieur de trace d'oreille. Il n'y a pas de tympan. La caisse est très imparfaitement cloisonnée par les os du crâne et communique par une fente avec l'arrière-bouche, dont elle semble une dépendance. Les osselets de l'ouïe manquent pour la plupart, et le limaçon n'est que rudimentaire. Le son est donc obligé de passer par la bouche qui a, sur le devant, des écailles disposées de manière à laisser une ouverture ovale, même quand la bouche est fermée. Je me suis souvent aperçu et assuré que la vipère B. entendait fort mal.

Bouche. La bouche ou petite gueule est largement fendue

et peut prendre en s'ouvrant des dimensions vraiment étonnantes, ce qui fait que l'animal sait avaler des corps aussi gros que lui. Pour mon compte, j'ai vu souvent, chez des vipères fortement irritées, les deux branches de la mâchoire qui, dans l'état ordinaire, sont situées parallèlement, former un angle extrêmement ouvert et même se placer sur une ligne verticale. Cela est dû à ce que les deux branches de la mâchoire inférieure ne sont pas unies, mais surtout à ce que l'espèce de pédoncule qui les soutient (l'os tympanique) est non seulement mobile lui-même, mais est comme suspendu à une autre partie du temporal appelé os mastoïdien et aussi mobile lui-même. Quant à la mâchoire supérieure, ses branches sont fixées à l'os intermaxillaire seulement par des ligaments qui permettent un écartement assez grand. Les arcades palatines participent aussi à cette mobilité.

Langue. La langue est très longue, bifide dans les deux tiers antérieurs de sa longueur et élastique, en sorte que l'animal peut la darder hors de sa bouche et l'agiter avec tant de vitesse qu'elle semble étinceler. Unique à sa base, où se voit une simple rainure médiane, elle se divise bientôt en deux petits cylindres charnus qui vont en s'effilant. Rouge tant qu'elle est jeune, elle devient brune et enfin grisâtre ou blanche à ses extrémités. Une gaîne membraneuse, sorte de fourreau, la maintient au milieu de la mâchoire inférieure, et ne la laisse libre qu'à 6 millimètres environ en arrière du rebord antérieur de la bouche.

Quels sont les usages de la langue ? Elle sert à exprimer les passions dont la vipère B. est animée ; elle aide à retenir les petits insectes dont elle fait sa proie. Perçoit-elle les saveurs ? — Elle n'a par elle-même aucune propriété dangereuse, aussi ne ferai-je qu'indiquer l'erreur de ceux qui l'ont signalée comme une espèce de dard dont se sert le reptile pour percer sa proie, et qui poussant encore plus loin leur erreur, ont placé à l'extrémité de cette langue le siége du venin et l'ont comparée à une flèche empoisonnée.

La voix existe-t-elle ? Un peu à droite de la langue et souvent un peu au-dessus, se trouve un petit tube cartilagineux, espèce de trachée prolongée, que j'appellerai *tube respiratoire buccal.* L'ouverture antérieure se trouve à sept millimètres en arrière du rebord antérieur de la bouche ; elle est taillée obliquement et maintenue toujours ouverte, parce que les anneaux élastiques qui constituent le tube se prolongent jusque-là. Je me suis assuré qu'il ne sert qu'à introduire l'air nécessaire à la respiration, mais *nullement* à la voix. On ne trouve, en effet, dans toute sa longueur, aucune trace de cordes vocales, ni de ce qui constitue l'appareil laryngien ; et des observations multipliées et attentives m'ont prouvé qu'on regardait à tort comme provenant de la *voix,* ce raclement ou bruissement plus ou moins aigu produit par le *frottement des écailles entr'elles.* Du reste, l'analogie pouvait conduire à cette erreur , car les couleuvres, les tortues, les lézards, etc., produisent leur voix en remplissant leur bouche et leur cou, d'une certaine quantité d'air, qui étant ensuite chassé avec force, forme un bruit ou *voix.* Mais chez la vipère B., outre que la peau du cou est inextensible, la bouche, quand elle est fermée, est remplie par des organes (appareil à venin, etc.) et il s'ensuit que la voix ne peut se produire par le mécanisme précité.

Armature de la bouche. Elle est très importante à connaître. — Il existe quatre rangées de dents, abstraction faite des crochets dont je parlerai bientôt. Ces dents sont coniques, très aigues et recourbées en arrière ; disposition qui aide à retenir la proie. Au lieu d'être placées dans des alvéoles, elles sont soudées par leur base à l'os qui les supporte. A la mâchoire supérieure les deux rangées de dents sont fixées au palais ; elles sont au nombre de dix à douze de chaque côté. Celles de la mâchoire inférieure sont plus petites et reposent sur les os maxillaires, dont elles n'occupent que les deux tiers antérieurs. On en trouve six à huit de chaque côté.

Les crochets ou dents canines sont ordinairement au nom

bre de deux, longs de 8 millimètres à 1 centimètre. Ils sont coniques, très aigus et fortement recourbés en arrière. Ils sont renfermés jusqu'aux deux tiers de leur longueur dans une espèce de gaîne composée de fibres très fortes et de tissu cellulaire. Cette gaîne ou tunique est toujours ouverte vers la pointe de la dent ; elle s'y termine par une espèce d'ourlet souvent dentelé et formé par un repli de deux membranes qui le composent. Situés sur le devant de la bouche et à la partie supérieure, les crochets sont fixés sur des os maxillaires très petits, et ces os portés sur un long pédicule sont très mobiles ; de sorte que lorsque l'animal ne veut pas se servir de ses crochets il les reploie en arrière et les cache dans un repli des gencives, tandis que dans le cas contraire il les redresse ; ce qui, joint à l'étendue que peut prendre l'ouverture de la bouche, leur permet de mordre des corps très volumineux, comme la cuisse, le corps, etc., et même sur une surface plane. Chacune de ces grandes dents en a derrière elle plusieurs autres petites (comme je l'ai vu souvent), ou du moins plusieurs germes destinés à les remplacer quand elles viennent à se casser dans une plaie. Elles sont percées d'un petit canal qui s'ouvre près de leur extrémité libre (on peut le voir à l'aide du microscope), et qui d'un autre côté est en communication avec les conduits excréteurs de la glande à venin et sert à verser ce venin au fond de la plaie faite par la dent elle-même. Cette glande particulière et funeste est située de chaque côté de la tête. Elle est placée sous les muscles temporaux et de manière à être comprimée par leur contraction. Ainsi une contraction plus ou moins forte exprimera une quantité plus ou moins grande de venin, ce qui explique le danger plus grand des morsures faites pendant que l'animal est vivement excité. J'ajouterai que le venin est liquide, jaunâtre et comme oléagineux ; c'est un poison mortel. « Une de mes plus sombres heures fut celle où, cherchant contre les pensées du temps l'alibi de la nature, je rencontrai pour la première fois la tête de la vipère. C'était dans un précieux musée d'imitations anatomiques. Cette tête, merveilleusement reproduite et grossie énormément, jusqu'à rappeler celle du tigre et du jaguar, offrait dans sa forme horrible, une chose plus horrible encore. On y saisissait à nu les précautions délicates, infinies, effroyablement prévoyantes, par lesquelles se trouve armée cette puissante machine de mort. Non seulement elle est pourvue de dents nombreuses, affilées ; non seulement ces dents sont aidées de l'ingénieuse réserve du poison qui tue sur l'heure, mais leur extrême finesse, qui les rend sujettes à casser, est compensée par l'avantage que nul animal n'a peut-être ; c'est un magasin de dents de rechange, qui viennent à point prendre la place de celle qui se brise en mordant. Oh ! que de soins pour tuer ! quelle attention pour que la victime ne puisse échapper ! quel amour pour cet être horrible !... J'en restai scandalisé, si j'ose dire, et l'âme malade. La grande mère, la nature près de laquelle je me réfugiais, m'épouvanta d'une maternité si cruellement impartiale. » (MICHELET. *L'Oiseau.*)

D'autres organes glandulaires en assez grand nombre entourent la bouche et y versent une espèce de salive gluante, visqueuse et incolore ; elle n'a aucune propriété nuisible. J'en ai toujours trouvé des flocons dans la gueule des vipères tuées depuis peu.

Je pourrais continuer la description anatomique des autres organes qui composent la vipère B., mais je me suis assuré par des dissections attentives que tout le reste a la plus grande ressemblance avec la vipère commune qui a été très bien décrite par M. Charras. Je crois donc ne pouvoir mieux faire que de conseiller la lecture de son *Mémoire pour servir à l'histoire naturelle des animaux*, (tome III, pages 611 et 8)

§ 5. — Mouvements.

Tous les mouvements sont possibles aux vipères B., mais

les articulations de leurs vertèbres se prêtent moins à ces mouvements d'une variété et d'une élasticité vraiment surprenantes, qu'on peut admirer chez d'autres espèces de serpents. Les lames ou grandes écailles qui sont situées au-dessous de leur corps sont particulièrement mobiles et indépendantes les unes des autres ; chacune d'elles peut être redressée par un muscle particulier qui leur aboutit, et chacune de ces pièces en s'élevant et en s'abaissant devient une sorte de pied, lorsque l'animal laisse traîner son ventre contre la surface de la terre qui lui sert de point d'appui. C'est la manière de progression la plus ordinaire qu'emploie la vipère B. Toute la partie inférieure du corps appuie sur la terre, excepté la partie antérieure destinée à soulever la tête qui semble sonder le terrain dans les allures lentes. — Elle s'avance toujours fortement ployée en S et très souvent de côté, comme l'avaient bien observé les anciens. Ce mode de progression peut être appelé *insidieux*, car la vipère rasant toujours la terre, ne paraît presque pas se mouvoir, tandis qu'elle a parcouru bientôt une grande distance. J'ai pu souvent faire cette observation sur des vipères libres, et constater aussi que c'était la manière la plus ordinaire dont se servaient mes prisonnières pour se porter d'un point à un autre de la caisse. Elles se meuvent rarement en arc, c'est-à-dire en courbant tout ou partie du corps en cercle, de manière qu'une extrémité de cet arc aille rejoindre l'autre. Elles n'avancent ainsi que lorsque la configuration du terrain est inégale ou qu'elles veulent franchir un obstacle ou s'élancer contre un ennemi. Pendant qu'elles exécutent ces allures, elles portent leur tête d'autant plus élevée au-dessus du sol qu'elles ont plus de vigueur ou qu'elles sont animées par des sensations plus vives. Jamais elles ne se roulent en spirales aussi complètement que beaucoup de serpents qui, pouvant réunir alors toutes leurs forces particulières, se déroulent subitement et s'élancent avec la rapidité d'une flèche. On en peut trouver la raison, en ce que la queue se trouvant trop courte, ne sau rait fournir des tours de spire suffisants, ni un point d'appui assez solide pour que la vipère puisse s'élancer.

Donc, plus que tout autre reptile, la vipère B. semble destinée à ramper; car lorsqu'elle veut même s'élever ou grimper, ce n'est presque jamais par bonds mais par une série de mouvements de reptation qui parfois sont très rapides. Néanmoins mes prisonnières savaient grimper le long des parois de la caisse et surtout près des angles, et s'enroulaient avec prestesse autour d'un fil de fer très fin. De plus, elles saisissaient avec une agilité remarquable les objets qui se trouvaient à une petite portée. Et ce reptile, que l'on voit presque toujours replié en S et ramassé sur lui-même, sait se projeter tout à coup en avant avec une rapidité qui échappe presque à l'œil et avec une précision qui ne lui laisse jamais manquer sa victime.

Ces mouvements sont plus ou moins agiles, plus ou moins rapides, selon les circonstances. Lorsqu'ils sont animés par une passion quelconque ou que les temps sont orageux, ils ont plus de vivacité; une température modérée les favorise également. Mais une température trop élevée semble être très pénible aux vipères B., ce dont je me suis souvent assuré. C'est ainsi qu'elles paraissaient se plaire au soleil jusqu'à 40° ou 42° centigrades; mais dès que les grandes chaleurs sont arrivées et que le thermomètre montait à 45°, 50°, 60°, etc., mes prisonnières recherchaient l'ombre et faisaient de grands efforts pour y revenir quand je les exposais au soleil. Pendant les quelques excursions que j'ai faites par cette température, je n'ai plus aperçu aucun de ces reptiles.

§ 6. — Durée de la vie.

On ne sait rien de précis sur la durée de la vie des vipères B. Je n'ai pu puiser à ce sujet aucun renseignement suffisant ni chez les Arabes ni dans les auteurs. Je crois que ce point restera ignoré pendant longtemps; car, aurait-on la patience de conserver des vipères B. depuis leur naissance jusqu'à leur mort, qu'il faudrait tenir compte, entre autres choses, des ennuis de la captivité. Je dirai en passant, que plus les animaux naissent avec des instincts dépravés et féroces, moins facilement ils s'apprivoisent, paraissant ne pouvoir vivre s'ils ne peuvent faire le mal.

Comme la vipère commune a pu être étudiée plus facilement, nous essaierons d'établir quelques données approximatives. Admettant que, semblable à cette dernière, la vipère B. emploie six à huit ans pour acquérir tout son accroissement, elle devra vivre environ vingt ans, puisque la croissance exige en général environ le tiers de la durée de la vie. Comme on le sait, elle résiste presque miraculeusement à toutes sortes de privations, et, comme on dit, elle a la *vie dure* ; aussi elle doit mourir presque toujours de vieillesse. Quoi qu'il en soit, quelques anciens étaient tombés dans une singulière erreur en la choisissant à cause de sa *longue existence* pour en faire l'emblème de l'éternité.

« ... C'est la grande image de ces êtres que je viens essayer de montrer après avoir tâché de la dégager du voile dont l'imagination et l'amour du merveilleux l'avaient couverte pendant une longue suite de siècles : voile tissu d'or et de soie qui embellissait peut-être l'image que l'on voyait au travers, mais qui n'était que l'ouvrage de l'homme, et que le flambeau de la vérité devait consumer pour n'éclairer que l'ouvrage de la nature. » (LACÉPÈDE.)

CHAPITRE DEUXIÈME.

ÉTUDES EXPÉRIMENTALES SUR LE VENIN DE LA VIPÈRE B.

Pendant près d'une année, je me suis occupé à faire des expériences sur l'action du venin des vipères B., dont j'avais toujours un certain nombre enfermées vivantes dans une caisse appropriée. Il m'a été facile de m'assurer que si l'on a exagéré la hardiesse qui les porte à mordre, on a diminué peut-être la gravité des résultats provenant de leurs morsures ; car, lorsque j'ignorais encore les propriétés de la plante que j'indiquerai au traitement, ces morsures ont été suivies toujours d'une mort plus ou moins rapide, même chez d'assez grands animaux, tels que le chien, etc. En outre, j'ai pu recueillir exactement plusieurs cas où des hommes ayant été mordus, la plupart avaient expiré au bout de peu de temps, tandis que les plus heureux s'en étaient tirés après avoir éprouvé des accidents généraux formidables et la gangrène plus ou moins complète de la partie du corps atteinte par la morsure.

« La morsure du céraste est assez souvent mortelle pour l'homme. Le jour de notre arrivée à *Biskara*, on nous dit que l'avant-veille, le 25 avril, une femme en était morte à *El-Amor*, localité à peu de distance de la première.

« Dans tous les villages du Ziban, où nous nous sommes arrêtés, on nous a cité des habitants qui, à diverses époques, étaient morts par suite de morsure de céraste M. le docteur Warnier, alors qu'il était détaché comme médecin auprès de l'émir Abd-el-Kader à *Mascara*, écrivait d'Oran sous la date du 9 février 1839 :

« La vipère cornue est très commune dans les environs d'*Aïn-Madhy*. Les froids prolongés l'engourdissent. Un soldat de l'émir eut l'imprudence d'en prendre une dans cet état : la chaleur la réveilla et elle mordit le soldat, qui succomba deux heures après. »

« .... Un gros chien basset, du poids d'une trentaine de livres et de couleur noire, que j'avais fait mordre par un céraste, succomba juste une demi-heure après cette morsure; tandis qu'une pie-grièche, qu'on avait piquée avec un croc de céraste, mourut en moins d'une minute, bien que le croc eut été détaché de la tête du reptile depuis plusieurs jours.

« Il n'est pas rare de voir des chevaux et des chameaux succomber à la morsure de la vipère B. (Dr Guyon.) »

Nous savons déjà par quel mécanisme l'animal introduit le venin dans les plaies produites par ses morsures ; j'ajouterai seulement que ce liquide est jaune-citrin, quelquefois safrané, ayant un reflet oléagineux et laissant sur le linge que je faisais mordre, des taches assez semblables à celles formées par le sperme, mais plus jaunâtres. Je négligerai volontairement les autres détails qui pourraient être fournis par la chimie ou par la micrographie, parce que je les ai regardés comme devant être peu profitables à la recherche du traitement pour lequel, je ne crains pas de le dire, ces sciences n'ont encore donné que des résultats insuffisants. Par quels moyens, en effet, est-on arrivé à découvrir les précieuses propriétés du quinquina, du mercure, etc., ces triomphes de la thérapeutique? Par l'expérience (favorisée quelquefois, il est vrai, par un heureux hasard). — Ce n'est que par des recherches patientes et opiniâtres que des hommes dévoués ont pu, en quelque sorte, nouveaux Prométhées, ravir de précieuses étincelles à un foyer céleste !

Il est facile de s'assurer que le venin secrété par les deux glandes spéciales est la seule humeur malfaisante que possède la vipère B. : c'est bien à tort que l'on a prétendu que l'espèce de bave qui recouvre ses mâchoires, lorsqu'elle est en fureur, est un venin plus ou moins dangereux. On a donc pu employer aussi impunément qu'inefficacement sa graisse (*axongia viperina*) contre la sciatique, etc. Sa tête, son foie, ont trouvé aussi leur application thérapeutique. Enfin le bouillon, la gelée, etc., de vipère B. auraient été vantés comme toniques et dépurateurs du sang. — D'après une superstition dangereuse, la tête de la vipère tuée immédiatement et appliquée sur la plaie qu'elle vient de faire, neutraliserait tout l'effet du venin. Mais les crochets pourraient faire de nouvelles plaies, et il n'est que trop vrai que la nature a oublié trop souvent de mettre l'antidote à côté du poison.

On comprendra que je n'ai pas voulu répéter les expériences de Rédi et autres qui prétendent avoir avalé impunément du venin. Sans doute la quantité était trop minime ou avait heureusement franchi le tube digestif sans être absorbé. Mais la plus légère ulcération eut tourné en terrible certitude ce défi porté à l'absorption ; car je doute qu'on puisse trouver des reptiles dont le venin soit plus actif que celui de la vipère B. La funeste propriété de ce venin se conserve pendant longtemps, comme j'ai pu m'en assurer par des expériences. Aussi, lorsqu'on manie le reptile, même longtemps après sa mort, il faut bien prendre garde de ne pas se piquer à ses crochets qui peuvent avoir retenu un reste de venin. J'ai pu faire périr des souris en enfonçant à travers leur peau des crochets pris à des têtes de vipères mortes depuis plusieurs mois, et s'il faut en croire certaine anecdote, trois personnes auraient péri pour avoir mis successivement une botte dans laquelle était implantée une dent à venin qu'on n'avait pas aperçue.

J'avais d'abord l'intention de décrire séparément et avec tous leurs détails plusieurs des expériences que j'avais faites; mais j'ai prévu que j'aurais été entraîné à des longueurs et à des redites qui seront, je l'espère, suffisamment remplacées par les résultats généraux que je vais fournir bientôt.

Les meilleurs auteurs ont soutenu jusqu'à ce jour que le venin de la vipère B., quelque subtil qu'il soit, n'a point d'action sur les animaux *à sang froid*. Mais des faits nombreux m'engagent à avancer une opinion tout à fait opposée. J'ai reconnu aussi que la vipère pouvait être détruite par son venin ; je vais le démontrer à l'aide de faits.

1° Trois couleuvres ayant plus d'un mètre de longueur furent successivement jetées dans la caisse aux vipères. D'abord ces animaux paraissaient vouloir vivre en bonne intelligence et allaient parfois jusqu'à se passer mutuellement sur le corps, sans déterminer de la part des vipères d'autres signes d'impatience que le mouvement rapide de leur langue bifide et un peu plus d'éclat dans les yeux. Mais, si je m'éloignais pendant quelques minutes de la caisse, j'entendais tout à coup une grande agitation, et, en survenant brusquement, je voyais la malheureuse couleuvre qui se dégageait des terribles crochets qui venaient de lui instiller la mort. Comme égarée, la victime redoublait ses efforts pour fuir hors de la caisse, et puis, vaincue par la fatigue et la douleur, elle allait attendre la mort dans un des angles de la caisse, après avoir pris en quelque sorte le soin de s'enrouler gracieusement, comme ces gladiateurs des cirques Romains qui s'attachaient à prendre une pose élégante pour quitter la vie. Ce fait que j'ai attentivement observé, s'est renouvelé trois fois avec des circonstances semblables. Des crapauds, des grenouilles, mordues sous mes yeux, n'ont pas tardé à succomber par le seul effet du venin. Les animaux à sang froid sont donc tués par le venin de la vipère B.

2° Vers la fin du mois de mars 1856, dans une de mes excursions, je parvins à prendre vivante une vipère assez grande que je venais de troubler dans ses amours. Furieuse de se voir contenue, elle se mordit vers le milieu du corps : je la vis bientôt en proie à d'horribles convulsions, et elle périt après avoir offert les symptômes que j'avais déjà pu observer chez les animaux morts à la suite de morsures faites par des vipères B.

J'ai observé plus tard un autre cas aussi probant, et plusieurs personnes dignes de foi m'ont assuré avoir vu chez d'autres vipères B. des terminaisons semblables. J'ai souvent essayé de faire mordre entre elles plusieurs de mes vipères prisonnières ; elles s'y sont toujours refusées. — Donc le venin de la vipère B. peut être mortel pour la vipère elle-même ; et ce malfaisant reptile, en tournant ses armes dangereuses contre lui-même, venge parfois ses victimes.

Cependant les animaux à sang chaud et de taille équivalente à celle des animaux à sang froid meurent plus rapidement, à conditions égales. Cela est dû, sans doute, à l'absorption plus rapide du venin. Aussi ai-je vu plusieurs souris, mourir ainsi presque instantément et d'une manière pour ainsi dire foudroyante. Cela arrivait surtout, lorsque ces animaux, en parcourant la cage pour chercher à s'échapper, passaient plusieurs fois à côté des vipères B., et dans leur égarement ne craignaient pas même de s'aider du corps de leurs ennemies pour arriver plus vite au treillis en fil de fer qui les séparait de la liberté. Alors la vipère, dans un mouvement de courroux *happait* l'importun, puis semblait reprendre sa tranquillité pendant que sa victime se mourait à ses côtés. J'ai assisté également à la mort presque instantanée de deux ou trois petits animaux, qui, abandonnés par cet instinct qui fait reconnaître un redoutable ennemi, ou égarés par le désespoir de se voir captifs, avaient osé, à mon grand étonnement, provoquer les reptiles. Le drame n'était pas long. La vipère, les yeux en feu, tombait sur le provocateur avec la rapidité de l'éclair et le mordait si vigoureusement qu'elle avait peine à retirer ses crochets de la partie mordue. A l'instant la victime était prise de tremblement s'affaissait et mourait.

On a dit, avec raison, que le poison était dangereux en raison de la petitesse de l'animal mordu, de la chaleur du sang et de la quantité du venin, qui est d'autant plus grande que la vipère est plus irritée ou plus vigoureuse pour exprimer plus énergiquement ses glandes funestes. Une chaleur modérée, une grande quantité d'électricité répandue dans l'atmosphère rendent aussi les vipères plus vives et plus dangereuses. Aussi ai-je souvent remarqué qu'à l'approche d'un orage, alors que les éclairs sillonnaient la nue et que le tonnerre remplissait d'un bruit imposant l'immense solitude, *mes prisonnières* semblaient animées d'une nouvelle vie ; car les yeux en quelque sorte allumés et la langue agitée avec une rapidité qui lui donnait un éclat phosphorescent, elles essayaient une fois encore de forcer la *barrière* qui les séparait d'une liberté si regrettée.

Quelle opinion doit-on adopter sur la manière dont agit le venin ? Fontana, qui a bien étudié le venin des autres reptiles, pense qu'il tue à la manière des poisons tirés du règne végétal. C'est probablement en détruisant l'irritabilité des nerfs ; car je remarquais que chez les animaux qui allaient succomber, les mouvements devenaient incertains (*titubantes*), et finissaient par devenir impossibles peu d'instants avant la mort.

Je vais donner maintenant les principaux symptômes observés sur les sujets mordus par les vipères B. ; je grouperai ces symptômes d'après leur intensité ou d'après la rapidité avec laquelle les victimes succombaient.

1° *Mort foudroyante.* Tremblement général ; mouvements convulsifs ; affaissement ; mort en moins de cinq minutes (de quelques secondes à cinq minutes)

2° *Mort avec agonie plus ou moins prolongée.* Agitation d'abord très vive du sujet mordu, qui court dans tous les sens comme égaré. Peu à peu le calme semble revenir, ou plutôt les mouvements deviennent pénibles et très difficiles. Bientôt survient de l'horripilation qui va en augmentant ; puis dyspnée très grande, au point que les mouvements respiratoires ne s'exécutent que convulsivement. Le patient perd l'équilibre, a peine à se soutenir sur ses jambes, puis il s'affaisse. Si, en ce moment-là, je le couchais sur le côté, il ne pouvait plus se relever. Avec tous ces symptômes survenait quelquefois un gonflement considérable. Enfin les yeux se voilaient et le patient était enlevé par une sorte d'asphyxie lente. Ces symptômes pouvaient se prolonger de trente minutes à quatre ou cinq heures.

On m'a rapporté plusieurs exemples où des hommes mordus par des vipères B. avait succombé avec des accidents semblables ; seulement, ils avaient eu des déjections bilieuses par haut et par bas, en même temps qu'il était survenu un gonflement considérable de la partie mordue. L'agonie s'était prolongée de douze à trente-six heures. Ce qui fait voir que plus les *individus* mordus sont grands, plus ils résistent.

3° *Guérison après gangrène plus ou moins étendue.* — Chez tous les animaux que j'ai soumis à mes expériences, la mort est survenue avant que la partie mordue soit tombée en gangrène. Cela provenait sans doute de ce qu'ils étaient de trop petite taille et que la mort survenait trop rapidement. Mais j'ai vu deux Arabes qui, ayant été mordus aux doigts par des vipères B., avaient eu le bonheur d'échapper à la mort, l'un en perdant trois doigts, l'autre en perdant tous les doigts et une partie de la main. Ils m'ont bien indiqué les symptômes généraux et locaux qu'ils avaient éprouvés. Je dirai en deux mots, qu'ils furent mordus pendant qu'ils arrachaient avec leurs mains des touffes d'alfa : aussitôt, douleurs et gonflement de tout le membre mordu, frissons, sueurs froides, fièvre, angoisses et dyspnée extrêmes, prostration. Pendant la nuit surtout, délire , rêvasseries, mouvements convulsifs. Quelques déjections bilieuses, surtout par bas.— Pendant ce temps, un engorgement considérable s'étendait aux parties voisines de la morsure et la gangrène se déclarait le deuxième jour, dans la matinée. Les accidents généraux avaient duré quatre ou cinq jours. Mais il fallut plus de huit jours pour que le gonflement du membre supérieur et des parties voisines de la plaie se fut dissipé d'une manière sensible et qu'une plaie de bonne nature eut succédé à la plaie gangréneuse.

Voilà les deux seuls cas que j'ai pu recueillir offrant une terminaison que l'on peut considérer comme heureuse malgré les accidents cités.

J'ajouterai que plusieurs autopsies faites minutieusement à l'aide d'une bonne loupe, ne m'ont jamais fourni de lésions constantes ou d'une gravité suffisante pour expliquer la mort survenue après la morsure de la vipère B. Cependant, j'ai remarqué assez souvent que le sang était devenu moins coagulable et que le liquide céphalo-rachidien était plus abondant que dans l'état normal.

Dans les cas où le gonflement était survenu avec les autres symptômes, les intestins étaient baillonnés, et parfois il y avait un petit engorgement des vaisseaux lymphatiques.

Ces recherches venaient donc corroborer mon opinion sur l'action toxique du venin.

CHAPITRE TROISIÈME.

TRAITEMENT DES MORSURES DE LA VIPÈRE B.

Une maladie étant donnée trouver le remède.
Problème de Pitcairn.

Nous voici arrivés au chapitre le plus important ; quoique ce que nous avons déjà dit puisse avoir son intérêt particulier.

Tout le monde sait que mille traitements divers ont été employés pour neutraliser les funestes effets produits par la morsure des serpents venimeux en général, et ceux qui proviennent des morsures faites par la vipère B., mais la plupart sont tellement absurdes que je ne prendrai pas la peine de les énumérer. Quant à ceux qui ont été vantés par les autorités les plus recommandables, je me suis empressé de les mettre en usage dans le cours de mes expériences, mais je suis forcé de l'avouer, toujours sans succès. Ce qui prouve, du reste, leur inefficacité, c'est le grand nombre même de ces moyens.

Frappé naturellement du mauvais résultat que m'avaient donné les substances les plus vantées, et convaincu qu'il n'existait dans la science aucun moyen sûr pour combattre les venins des serpents venimeux, (je suis porté à croire qu'il y a une grande analogie entre tous ces venins, sauf l'intensité, et que l'antidote applicable à l'un d'eux pourrait aussi le devenir avec succès aux autres) je ne me suis pas laissé décourager, et j'ai cherché à neutraliser spécialement le venin de la vipère à cornes.

En essayant le suc de certains végétaux, je remarquai un jour à ma grande satisfaction que plusieurs animaux, mordus par des vipères B. et à qui j'avais ingurgité de force quelques gouttes de la plante appelée *euphorbia guyoniana*, sem allaient revenir à la vie ou n'éprouver que de légers accidents ; tandis que d'autres *sujets* mordus par les mêmes reptiles mais traités différemment, se mouraient à côté de ceux qui avaient avalé du suc d'euphorbe. J'étudiai alors de plus près l'action de cette précieuse substance dont la vertu ne se dément pas dans mes nombreuses expériences. (Je pourrais rapporter ici des observations particulières ; mais outre qu'elles seraient inutiles au lecteur, puisqu'il arrivera aussi sûrement au but, c'est-à-dire à l'application d'un bon traitement, le temps me manque.) Je donnerai plus bas ce mode d'application ; car pour bien exposer le traitement dans son entier, je crois utile d'établir d'abord la distinction suivante. — 1° traitement local. — 2° traitement général.

§ 1. — Traitement local.

Ce traitement a pour but d'éteindre en quelque sorte sur la partie mordue par la vipère, le foyer empoisonné qu'elle y a déposé, et qui, abandonné à lui-même ne manquerait pas de consumer la malheureuse victime. Il est important, car il permet de s'opposer au mal avant qu'il s'enracine.

Les moyens de traiter *localement* les morsures faites par les vipères B. et par les autres serpents venimeux sont assez bien connus aujourd'hui. Mais on les a présentés avec un tel désordre et on en a tellement vanté à tort quelques-uns, que je vais m'efforcer de les exposer clairement, tout en indiquant leur valeur réelle. C'est ainsi que je considère ceux qui persistent à vouloir appliquer sur la plaie la chair d'un animal fraîchement tué, comme perdant un temps précieux. Je ne m'arrête pas à multiplier les exemples de traitements aussi futiles.

Voici ce qu'on doit faire au plus tôt dès qu'un homme, etc., viennent d'être mordus par une vipère B. Si la morsure occupe un doigt ou un orteil, il est bon de l'amputer, de le couper sans hésitation ; si elle occupe les parties molles, il faut les cerner par une incision, les extirper et cautériser la nouvelle plaie. Cette excision doit avoir au moins un centimètre de profondeur; car nous savons que les crochets ayant cette dimension, peuvent pénétrer à cette distance. (Je tiens de M. l'inspecteur général Baudens, l'exemple d'un Arabe qui, ayant été mordu à la cuisse par une vipère B., n'hésita pas à retrancher à l'instant avec son couteau la partie mordue et n'éprouva aucun des symptômes qui suivent de pareilles morsures.)

Si pour un motif quelconque on s'abstient de retrancher la partie mordue, il faut immédiatement :

1° Sucer, ou si l'on avait quelque ulcération à la bouche, faire sucer fortement la plaie dans le cas où l'on ne posséderait ni ventouse en caoutchouc, etc., ni autre objet capable de se bien adapter au siége de la plaie : mieux vaut courir un petit danger qu'un très grand; et, du reste, on aura le soin de bien cracher après et de se rincer la bouche.

2° Presser vigoureusement la plaie de dedans en dehors et la laver à grande eau; et comme on en peut manquer dans le désert, y suppléer par un jet d'urine, etc.

3° Faire une vigoureuse ligature en deçà de la morsure, c'est-à-dire entre la plaie et le centre circulatoire (cœur).

4° Cautériser ou brûler la plaie avec tout ce qui peut tomber sous la main, après avoir eu le soin d'agrandir les points où ont pénétré les crochets, par des incisions cruciales; car les trous que font ces derniers sont très petits et parfois peu visibles, et, en outre, ils peuvent s'étendre sous la peau en diverses directions. Pour cautériser on pourrait, à la rigueur, employer un charbon ardent, de l'amadou enflammé, la poudre, un morceau de fer rougi au feu, le suc d'une plante âcre, telle que l'ellébore, l'euphorbe elle-même, etc. Mais, quand on le peut, il faut toujours préférer un escarrotique liquide et puissant : par exemple, l'acide nitrique, l'acide sulfurique, etc., qui ont, outre leur activité, l'avantage de se répandre dans tout le trajet de la plaie. On doit même les préférer au nitrate d'argent et à la potasse caustique, quoique Fontana ait attribué à cette dernière substance une efficacité presque spécifique. On les préférera aussi à l'ammoniaque, cette panacée du vulgaire, prônée même par des gens instruits contre la morsure de la vipère ordinaire, mais qui a peu d'énergie contre la morsure de la vipère B. On a prétendu qu'on avait retiré quelques avantages de l'application immédiate de certaines huiles, et en particulier de l'huile de térébenthine ; de l'application de linges ou de plumasseaux de charpie, etc., plongés préalablement dans une solution de sel, de chaux, de chlorure de calcium ou de sodium, etc. Mais tous ces moyens sont trop faibles et ne doivent être employés qu'à défaut des moyens énergiques que je viens d'indiquer.

Cependant, il peut se faire que le malade néglige tout traitement, ou que malgré tout traitement *local*, plus ou moins énergique, le venin soit porté dans le torrent de la circulation et par suite absorbé, surtout si la dent a malheureusement rencontré un gros vaisseau dans lequel elle a déposé son venin. Alors il ne reste plus d'espoir que dans le traitement général.

§ 2. — Traitement general.

Les cas de mort, arrivés chez l'homme à la suite de morsures par les vipères B., que j'ai pu recueillir aux environs de Laghouat, etc., m'ont prouvé que la vie n'était enlevée que plusieurs heures après l'accident ; ce qui donne le temps de mettre en œuvre les ressources qui offrent le plus de confiance. Aussi, pour éviter des tâtonnements et la perte d'un temps précieux, j'élaguerai cette foule de substances qui ont été vantées jadis, mais dont l'effet m'a paru nul. D'autres méritent peut-être un peu plus de créance, quoique je les aie cependant employés sans efficacité marquée. Je citerai entr'autres l'acide arsénieux, l'arsénite de potasse, l'éther, le camphre, le quinquina, les feuilles de frêne, l'acétate d'ammoniaque, etc., (le guaco ou micania guaco, la racine de l'ophiorrhiza mongos, que je n'ai pu essayer, etc., vantés en Amérique et dans les îles), et enfin le moyen suivant vanté par les Arabes : à l'aide d'une lame ardente de couteau, il faut faire cinq à six cautérisations au-dessus et au-dessous de la morsure, et appliquer sur cette dernière un onguent fait avec : du zébed (musc),

de l'ail,

de l'oignon;

après avoir pilé et mélangé le tout. Puis on fait boire au malade une tasse de beurre fondu, et l'on a bien soin de l'empêcher de s'endormir ; il ne se réveillerait plus...

Mais si ces moyens et d'autres semblables ont pu donner de bons résultats dans quelques cas rares et exceptionnels, on n'a aujourd'hui aucune foi en leur réputation. Je suis donc par cela même encouragé, et pour ainsi dire autorisé à proposer avant tout l'emploi du suc de l'Euphorbia Guyoniana, puisque c'est lui qui m'a donné les résultats les meilleurs et les plus fidèles. J'ajouterai que la plante qui produit ce suc, croît en abondance, par touffes vertes, dans la plupart des régions où se trouvent les vipères B. Je vais indiquer le mode d'emploi qui m'a paru devoir être préféré.

Autant que possible, il faut recourir aux plantes fraîches et qui sont encore sur pied et procéder ainsi : on coupera successivement plusieurs branches de la plante et on en exprimera les gouttelettes blanches qui apparaîtront à l'instant, dans un vase renfermant une certaine quantité d'eau (dans une grande tasse, dans un verre, etc.). Après que la huitième goutte sera tombée dans le liquide, on fera avaler immédiatement cette première dose au malade. On donnerait dix gouttes au lieu de huit, si déjà des accidents graves s'étaient déclarés. Une heure après, on fera prendre une autre dose préparée comme la première, mais dans laquelle on n'aura exprimé que cinq gouttes de suc. Deux ou trois heures plus tard, on donnera une troisième dose à cinq gouttes. — Dans l'intervalle de ces trois prises, on fera prendre au malade (quand on le pourra), une infusion stimulante et sudorifique avec addition de quelques gouttes d'acétate d'ammoniaque. — Si les accidents persistaient, il faudrait donner encore deux autres potions à cinq gouttes, à intervalle l'une de l'autre de trois heures et demie à quatre heures. Il serait trop dangereux de pousser plus loin le moyen.

Si le malade était éloigné d'une de ces euphorbes, on pourrait aller mettre dans une certaine quantité d'eau, une quantité bien calculée de gouttes, et les diviser ensuite en doses appropriées quand on serait près de lui. — Mais si l'on a arraché la plante seulement depuis quelques instants ou si elle est déjà desséchée, il faut employer une décoction (une petite poignée de tiges, 100 grammes environ pour un litre d'eau. Faire bouillir pendant dix minutes). Le malade prendra d'abord un verre de cette décoction, et puis seulement un demi-verre, en observant exactement les intervalles que nous avons assignés à propos de l'usage du suc frais. L'on pourrait aussi retirer de la plante des extraits qu'il serait facile d'avoir toujours sur soi, lorsqu'on voyage dans les contrées où les vipères B. sont abondantes.

Si l'on avait à traiter un sujet très débile ou un enfant, il ne faudrait donner que demi-dose, tiers de dose, etc., selon l'âge.

Avant de terminer, je crois devoir rapporter un fait assez récent, qui prouvera la subtilité du venin de la vipère B., et le bon effet de l'euphorbe. Un officier de hussards ayant à l'un de ses doigts une petite plaie récente, plongea par accident ce doigt dans la petite quantité d'alcool qui venait de servir à asphyxier une vipère B. : peu de temps après, des frissons généraux intenses et fréquents se déclarèrent, pendant que tout le membre correspondant à la plaie était envahi par un engourdissement très prononcé et qui allait en augmentant. Le *sujet* était loin d'être pusillanime, et du reste il ne se doutait pas de la vraie cause de ces symptômes, car il ne me parla de l'immersion du doigt dans l'alcool qu'après quelques questions. Ce ne pouvait donc être l'appréhension qui lui faisait éprouver ces symptômes si exacts, et qui pouvaient devenir si graves. Je tachai de montrer une assurance que j'étais loin d'avoir. Séance tenante je le conduisis vers un petit marais situé près du camp où j'avais aperçu quelques euphorbes de l'espèce désirée. Nous exprimâmes sept à huit gouttes de suc dans une verre d'eau, qu'il avala à l'instant. Deux ou trois heures après, l'action de l'euphorbe commençait à se faire sentir et il y eut dès lors des purgations assez violentes, mais bientôt les symptômes sus-indiqués avaient complètement disparu, c'est-à-dire que cet officier vit cesser pour toujours ses frissons et son engourdissement.

Ici s'arrête à proprement parler mon travail *sérieux* sur la vipère bicorne. Mes souhaits seront accomplis, si, comme j'ose l'espérer, j'ai jetté quelque lumière sur une question qui intéresse l'humanité.

J'ai négligé volontairement plusieurs détails qui se rapportaient à mon sujet, mais qu'on aurait trouvés peut-être fastidieux : je me conforme ainsi à ce bon et difficile conseil de Lafontaine :

Bornons ici notre carrière,
Les longs ouvrages me font peur :
Loin d'épuiser une matière,
On n'en doit prendre que la fleur.

Epilogue L. 6.

CHAPITRE QUATRIÈME.

COMPTE RENDU DE PLUSIEURS CHASSES DE VIPÈRES B, AUX ENVIRONS DE LAGHOUAT.

Tout le monde sait que divers moyens ont été mis en usage pour prendre les reptiles venimeux. Ces moyens pourraient être également employés pour se procurer des vipères B. Mais il suffira d'indiquer les principaux pour prouver qu'ils offrent moins de certitude et de sécurité que celui que je vais proposer de leur subtituer.

On conçoit qu'une simple branche fourchue soit un procédé peu commode et peu sûr, à cause de la petite surface qu'il permet d'embrasser.

Le simple bâton n'offre pas plus d'avantages, et ne permet guère de maîtriser les reptiles sans danger de les contondre violemment.

Si quelques imprudents n'ont pas craint de prendre les reptiles venimeux en les saisissant rapidement par la queue, ou même par le cou, je puis assurer qu'ils auraient tôt ou tard payé peut-être de leur vie une pareille témérité, en fesant ainsi la chasse à des vipères B.

A tous ces moyens imparfaits ou dangereux, voici ce que je propose de substituer.

L'appareil de chasse se compose : 1° d'un petit rateau long d'un décimètre environ, portant des dents ou pointes en fer longues de quatre centimètres et écartées les unes des autres de huit à dix centimètres. — Le manche doit mesurer un mètre.

2° D'un petit sac se fermant à l'aide d'une coulisse et d'une capacité suffisante à renfermer un montre ordinaire.

3° D'un deuxième sac, six à huit fois plus grand que le premier.

Voici comment il faut procéder à l'occasion :

Quand on aperçoit une vipère B. on s'avance avec précaution en tenant le rateau de la main droite. Par un mouvement rapide on applique les pointes du rateau le plus près possible de la tête du reptile, et tandis qu'on le maintient fixé contre le sol on porte en arrière ou en avant des pointes du rateau, l'un des pieds protégé par de fortes bottes, de manière que la tête de l'animal dépasse seule le rebord du pied. Quand la vipère est ainsi bien maintenue, on abandonne le rateau pour saisir à deux mains le petit sac à coulisse ; on l'ouvre le plus possible, et l'on glisse l'un de ses bords sous la tête du reptile. Une fois celle-ci bien introduite, on serre la coulisse et la tête de la vipère se trouve ainsi emprisonnée, muselée et hors d'état de nuire. Dans cette dernière opération, il faut prendre grand soin d'avoir les doigts qui tiennent la corde de la coulisse hors de portée, parce que le reptile furieux fait des efforts désespérés pour mordre. On l'enferme alors dans le grand sac, et on l'emporte sans danger et tout à fait intact pour servir aux expériences.

Comme il ne me paraît pas inutile de retracer avec quelques détails ce qui se passe dans ces circonstances, je ferai la description de trois de mes courses ou chasses à la vipère B. Mais comme un récit trop concis eut pu offrir peu d'intérêt, j'ai cru, pour l'agrément du lecteur, devoir y joindre quelques-unes des impressions que je rapportais de ces dangereuses excursions et que je me plaisais à noter le soir en rentrant dans ma case : cédant, comme l'a dit Mme de Staël, « à cette émotion intime pour laquelle tous cherchent un langage... et qui est d'autant plus forte qu'on est plus près de l'isolement. »

A l'extrême Sud de la province d'Alger et dans une de ces immenses plaines qu'offrent les déserts, se trouve assise l'oasis de Laghouat. Du côté du Nord cette plaine a beaucoup moins d'étendue, et est limitée par une ligne de montagnes ou de rochers très élevés : barrière aride qui arrête implacablement le regard de l'européen nostalgique, condamné à habiter longtemps un tel poste, surtout quand ce regard veut se reporter vers de plus chères régions. La petite ville de Laghouat immédiatement enveloppée, au Sud et au Nord, par les jardins de l'oasis, est dominée, à l'Est et à l'Ouest, par des rochers qui appartiennent à une ligne de montagnes parallèles à la précédente, dont elle ne paraît être qu'une dépendance, mais beaucoup moins considérable. C'est parmi ces rochers que je faisais la plupart de mes excursions, les vipères B. y étant fort communes.

I

Vers le milieu du mois de mars (1856), je sortais de l'oasis par la porte du Sud, dans le but d'aller explorer les rochers qui se trouvent à l'Est de la ville. On était au milieu de la journée et un soleil déjà splendide s'élevait au-dessus d'un immense horizon que ses rayons de feu devaient bientôt embraser ; mais une bise venue du Nord refroidissait encore l'atmosphère et faisait rechercher les endroits abrités. Parvenu hors des murs des jardins, je m'avançai à travers cette plaine qui s'agrandit surtout vers le Sud, tout en foulant sous mes pieds un terrain sablonneux ou graveleux. Çà et là s'élevaient de très petites éminences sur lesquelles s'empressaient de croître quelques plantes que les feux du soleil et le souffle brûlant des vents du Sud ne devaient pas tarder à sécher sur leurs tiges, et dont l'existence éphémère pouvait être abrégée encore par la dent de la chèvre ou du chameau.

J'atteignais bientôt le lit de l'Oued M'zi ; mais c'est en vain qu'on eût cherché la nappe liquide et les rives verdoyantes qui caractérisent les rivières d'Europe, car l'œil ne suit l'Oued, dans la plaine aride où il serpente, qu'au sillon d'aridité plus absolue qu'il trace dans son parcours. J'ajouterai, en passant, que l'existence des rivières du Sud de l'Algérie est généralement aussi courte que celle de l'orage qui les a formées. Plusieurs ont un cours souterrain.

Après quelques instants d'une marche assez pénible à travers des dunes de sable qui allaient aboutir en grandissant à la montagne que je m'efforçais de gagner, j'atteignis enfin ce que j'aurais pu appeler la *terre ferme*, c'est-à-dire les rochers : j'étais sûr le terrain de chasse. Dès ce moment je devais me tenir sur mes gardes, car j'avais remarqué que les vipères B. aiment surtout à s'étaler au soleil sur le bord de leurs trous, aux points où les monticules de sable viennent s'adosser aux diverses hauteurs des rochers. Comme la température était encore peu élevée, je me mis à explorer le versant Sud qui, situé à l'abri des vents froids et mieux exposé, devait être préféré par les vipères B. au moment où elles sortent de leur long engourdissement et cherchent en quelque sorte à rallumer le flambeau de leur vie aux rayons du soleil, « ces regards d'amour que le ciel jette à la terre » (Alph. Karr). — Je m'avançais avec précaution : je scrutais toutes les touffes de plantes, toutes les fentes de rochers, etc., qui se trouvaient à ma portée. Tantôt je marchais sur de grands monticules de sable que les vents avaient adossés à la montagne et dans lesquels mes pieds s'enfonçaient profondément en causant de petits éboulements de poussière silicatée, qui allaient *mourir* sur le glacis en produisant un murmure sec semblable à celui que déterminent les épis de blé en maturité, lorsque le vent les fait doucement entrebattre... tantôt je sautais de rocher en rocher, en m'aidant parfois des mains pour assurer mon équilibre. Mes recherches duraient depuis quelque temps et je n'avais encore aperçu aucun reptile de l'espèce désirée ; mais j'avais bon espoir, car les traces de reptation abondaient sur le sable. Chemin faisant, je recueillais des plantes intéressantes, j'étudiais les couches presque verticales de ces rochers composés de calcaire plus ou moins compacte, traversé de filons et de nappes de silex brillant, vestiges ostensibles d'une grande tourmente géologique. Je suivais du regard la fuite précipitée d'une multitude de coléoptères, de scarabées, de fourmis aux longues pattes, etc., et j'étais frappé de ce fait : que les petits animaux du désert, comme les grands (chameaux, autruches, etc.), ont été providentiellement munis de pattes très longues afin que leur progression fût plus facile dans un sol mouvant. Je regrettais surtout alors de n'avoir pas le style admirable de l'auteur des *Harmonies de la Nature*, de ce Bernardin de Saint-Pierre, à qui Napoléon écrivait : « Votre plume est un pinceau… » Mais tout à coup mes réflexions furent interrompues par un bruissement sibilant venu d'une grande touffe de ronces particulières à cette contrée et qui s'élevait près de moi ; et, en même temps, je vis s'enfuir ondulant un magnifique reptile aux couleurs azurées, dont les écailles frappées par le soleil renvoyaient mille reflets agréables. Je compris dès lors que les Romains pûssent se plaire à élever ces charmants reptiles. Le mien disparut à l'instant sous un rocher voisin.

Quelques instants après, j'arrivais dans un petit ravin bien abrité et qui servait de lit de torrent pendant les orages. Le silence de ce lieu n'était troublé que par le bourdonnement des mouches à miel caressant capricieusement les fleurs blanches et roses des papillonacées qui croissaient çà et là. J'éprouvais une sorte d'émotion en me trouvant, ainsi seul avec moi-même, et la vue du désert immobile et solitaire me causait presque du recueillement. Au milieu de ce profond silence, j'aurais pu saisir les battements de mon cœur : une sorte de pressentiment me disait que j'allais enfin me trouver en face d'une de ces vipères que je cherchais depuis si longtemps. Un gros bloc de roches gisait près de moi ; j'en profitai pour m'y accouder et me reposer un instant. Mais, ayant penché la tête au delà de ce rocher, j'aperçus tout-à-coup sous mes yeux, une vipère B. étendue au soleil. Un mouvement d'effroi involontaire me rejeta précipitament en arrière, car c'était la première fois que je voyais d'aussi près et en liberté, ce reptile dangereux. Rappelant mon sang-froid, je m'armai du *petit rateau*. J'avais eu le temps de voir l'attitude exacte de l'animal, qui, replié en zig-zag, reposait immobile sur le sol, exposé aux rayons vivifiants du soleil. Espéran[1] que je n'avais pas été aperçu, je tournai le rocher. Mais déjà mon ennemi était sur la défensive, car lorsque je me trouva en face de lui, je m'aperçus qu'il avait resserré les courbes de son corps et qu'il cherchait à prendre un bon point d'appui pour s'élancer. Il frottait avec colère ses écailles les unes contre les autres, ce qui produisait cette sorte de râclement ou de bruissement que l'on peut appeler la *voix* de la vipère B.; il tenait sa tête élevée, ses yeux fixes et terribles semblaient lancer des flammes; sa langue bifide était projetée hors de la gueule avec rapidité, et parfois il entr'ouvrait démesurément cette gueule où l'on voyait se mouvoir, à la machoire supérieure, les terribles crochets qui portent la mort. Toute son attitude exprimait le courroux et la menace ; j'hésitais à attaquer. Cependant, après une courte délibération, je lui portai un coup de rateau. Je n'atteignis point le serpent. Croyant le voir déjà s'élancer vers moi, j'avais fait un grand bond en arrière, mais mon ennemi ne chercha qu'à fuir. La saison n'était pas encore assez avancée pour qu'il eut recouvré toute sa vigueur. Je revins alors rapidement sur lui, et le prenant à propos par le cou avec le rateau, je le fixai contre le sol. Portant vîte, mon pied près de sa tête, je pus introduire cette dernière dans le sac à coulisse, malgré les efforts furibonds du reptile qui mordait avec rage la toile du petit sac sur laquelle je voyais le venin se répandre en larges taches jaunâtres. Heureux de cette prise, j'escaladai lestement la montagne pour aller me reposer sur le sommet et jouir de la vue du désert.

Je m'étais assis à l'abri du vent, mais je l'entendais s'engouffrer bruyamment à côté de moi dans les fentes des rochers ou dans des cavernes habitées peut-être par des chacals, des lynx ou des hyènes. — Au-dessus de ma tête des touffes d'alfa étaient agitées par le vent, qui brisé en mille petits courants par la chevelure verdoyante de cette graminée faisait entendre un doux et mélancolique murmure; plus bas, des monticules de sable étaient harcelés par de fréquentes raffales qui chassaient dans l'air ses premières couches comme un épais brouillard. Mon regard se perdait vers le Sud, dans la plaine jaunâtre, aussi loin qu'il pouvait aller. Quelques petites nappes de verdure, des *daïa* (1) protestaient encore dans cette contrée contre l'aridité absolue, car à mesure qu'on s'enfonce dans le Sud vers le grand désert de Sahara, la solitude et l'aspect désolé augmentent. Aussi ai-je toujours présent à la mémoire le tableau que je pus admirer du sommet de la montagne de sable appelée *Krima*, située à cinq lieues environ au Sud d'Ouargla. Mon regard allait se perdre vers la limite de cet immense horizon. Je voyais comme un océan de sable aux vagues pétrifiées. Mais je savais que ces vagues pouvaient s'agiter au souffle de la tempête et que ces flottes du désert appelées caravanes avaient parfois éprouvé cruellement que cette mer de sable avait comme l'autre, sa houle, ses tempêtes et ses écueils, et que les collines de l'Ecriture « galopant comme des béliers..., » n'étaient plus alors de vaines images mais une triste réalité.

Je fus tiré de ma rêverie par le chant monotone et cadencé d'un cavalier arabe qui longeait le pied de la montagne. Son cheval était richement caparaçonné. Sans doute ce fils de la tente ou de l'oasis venait d'assister à une fête de famille...

---

(1) On entend par *daïa* un espace de terrain plus ou moins grand, ordinairement assez bas pour que les eaux y entraînent une certaine quantité de terre végétale qui donne quelquefois naissance à une végétation assez puissante. Lors des orages, les eaux s'y rassemblent; mais presque toujours elles s'infiltrent ou sont évaporées rapidement. Dans quelques cas (comme j'ai pu le voir en allant à Ouargla), elles forment pendant longtemps des espèces de mares bourbeuses où viennent boire les animaux du désert.

Saumâtre réservoir au voyageur offert
Comme une coupe étroite oubliée au désert.

Cette simple réflexion me reporta vivement à mes affections et à mon cher pays. Un soupir s'échappa de ma poitrine, et pour la première fois je maudis presque le moment fatal, où quittant de gaîté de cœur les rives de France pour visiter des pays lointains, je répétais ces vers de lord Byron :

Vogue, ô mon rapide vaisseau !
Fends l'onde, vogue à pleine voile !
Où tu veux porte mon étoile,
Loin de toi tout pays m'est beau.
Salut mer ! quand, loin de tes plages,
Je ne verrai plus ton flot bleu,
Recevez-moi déserts sauvages :
O mon pays natal, adieu !

Puis, tout rêveur, je descendis le versant de la montagne. Près d'arriver au pied des rochers, j'aperçus une seconde vipère B. qui se cacha à mon approche.

Une heure après je rentrais dans l'oasis, heureux et fier de la capture que je venais de faire et que je m'empressai d'enfermer dans la caisse à expériences.

II

Vers le milieu de la journée (15 avril 1857), je sortais de Laghouat par la porte de l'Ouest, dans le dessein d'aller explorer les rochers situés de ce côté. Autour de moi des cases à moitié détruites, des jardins abandonnés, témoignaient encore que la guerre et la destruction étaient passées par-là. Je longeai un cimetière arabe et bientôt je traversai la plaine qui me séparait encore des rochers. Tantôt mes pieds étaient meurtris par des cailloux aigus ; tantôt je foulais un sol sablonneux, émaillé de mille petites pierres diaphanes et brillantes, qui offraient les couleurs les plus variées, tout en ramassant de temps en temps, pour les étudier, des pierres incrustées de coquillages fossiles (cypari, spirifères, etc.)

Quoique la saison fût peu avancée, la température était

déjà fort élevée dans ces contrées torrides, d'autant plus que les vents se taisaient et laissaient agir la chaleur accablante qui précède les orages. Des groupes de nuages d'un noir plombé et aux rebords blanchâtres s'élevaient au-dessus de l'horizon et interceptaient par intervalle les rayons de l'astre du jour. Arrivé au pied de la montagne, je me mis à parcourir immédiatement les endroits que je savais être préférés par les reptiles ; et, à peine avais-je fait quelques pas, qu'en regardant à travers un intervalle laissé entre deux énormes blocs de rochers, j'aperçus deux vipères B. dans le fond d'un lit de torrent. L'une était presque immobile, tandis que l'autre, qui devait être un mâle, ondulait gracieusement autour de sa compagne et lui prodiguait mille caresses. Je me rappelai alors qu'on était au temps des amours des vipères B., moment où elles sont les plus dangereuses Ne pouvant descendre auprès d'elles, à cause de l'escarpement des lieux, je me contentai de les troubler en leur envoyant une pierre. Chacune d'elles fit aussitôt un grand bond et, dès que je fus aperçu, elles me jetèrent des regards pleins d'une implacable fureur. Leurs langues étaient projetées hors de la bouche, avec une telle rapidité, qu'elles ressemblaient à des petits dards flamboyants. Cependant elles se hâtèrent de gagner le creux d'un rocher en rampant rapidement, et avant de disparaître, leurs têtes élevées au-dessus du sol adressaient une menace terrible au téméraire qui venait de troubler ce rendez-vous d'amour. Je venais d'être frappé d'une chose : c'était de l'agilité inaccoutumée de leurs mouvements' due sans doute à la passion dont elles étaient agitées, et à l'action du fluide électrique abondamment répandu dans l'atmosphère ; car je savais que le temps orageux anime la plupart des serpents au lieu de les appesantir, ainsi qu'i abat l'homme et les autres animaux.

Je recommençai à escalader la montagne : j'allais avec précaution jetant autour de moi un regard vigilant. Ayant aperçu une fleur rare, je me disposai aussitôt à aller la recueillir quoique l'endroit où elle croissait fût très escarpé. Tandis que d'une main je me tenais accroché à un rocher et que de l'autre je me préparais à saisir la plante, la bête s'agita tout à coup et j'entendis à mes oreilles ce raclement caractéristique que font entendre les vipères B. en frottant leurs écailles les unes contre les autres : la fleur était gardée par un dragon plus redoutable que celui du jardin d'Armide, car à l'instant je vis se redresser devant moi une vipère B. pleine de courroux. Un rapide frisson d'effroi me parcourut tout entier : frisson semblable sans doute à celui qu'éprouva Molina dans la caverne des serpents. Mais toute hésitation était impossible et eut pu devenir très funeste en face d'un ennemi qui avait l'avantage de la position, et qui, les yeux en feu et la gueule démesurément ouverte, s'apprêtait à s'élancer sur moi. Je saisis avec une vertigineuse promptitude le manche du petit rateau que j'avais confié à mes dents, et j'en portai un coup vigoureux au menaçant reptile : par malheur les tiges de la plante embarassèrent l'instrument et l'empêchèrent d'avoir prise. La vipère s'élança... éperdu, je fis un bond immense qui me porta sur un rocher situé à plus de trois mètres au-dessous de moi, d'où je rebondis, en quelque sorte, pour être rejeté sur un tas de sable qui se trouvait heureusement plus bas. Mon ennemi m'avait suivi dans cet élan et nous nous trouvâmes encore à côté l'un de l'autre. Mais j'avais l'avantage du terrain, car le sable mobile ne pouvait lui fournir une base solide pour s'élancer; il sembla le sentir, et au lieu de courir sur moi, il se contenta de prendre une attitude menaçante. Animé par l'action, j'attaquai hardiment le reptile, et un instant après je le maîtrisais sous mes pieds. Il était furieux et faisait mille efforts pour m'échapper. Tantôt il enroulait fortement son corps autour de mes bottes, tantôt il en frappait violemment l'arène. Ne pouvant atteindre aucune victime, il ramena la partie inférieure de son corps à portée de ses crochets regorgeant de venin et les implanta profondément au-dessus de l'origine de la queue. Je remarquai aussitôt avec une certaine surprise que dès lors ses transports de fureur parurent se transformer en symptômes de douleur. Je m'empressai d'emprisonner la tête de la vipère dans le petit sac à coulisse pour l'abandonner à elle-même et la mieux observer... Un instant après elle succombait dans d'horribles convulsions. J'avais ainsi une nouvelle preuve que le venin de la vipère B. peut devenir funeste même à l'animal qui le produit. Cette cause de mort était d'autant plus réelle que, le soir, une autopsie minutieuse me prouvait que dans la lutte je n'avais blessé aucun organe. Fier de cet espèce de triomphe, je considérai un instant le corps de cet ennemi gîsant inanimé à mes pieds, puis je m'assis pour me reposer.

Je m'aperçus alors que les nuages amoncelés rendaient l'orage plns imminent. De brillants éclairs aux formes bizarres et que je pouvais suivre dans tout leur développement sous cet immense horizon, sillonnaient fréquemment la nue. Un profond silence régnait autour de moi et n'était troublé que par la voix imposante et presque solennelle de la foudre, qui, dans ces vastes solitudes, prend une extension inusitée. Des gouttes très larges et de plus en plus nombreuses venaient se perdre presque sans bruit dans le sable. Soudain un murmure lointain, semblable à celui d'une mer en courroux, parvint à mes oreilles. Un vent violent venait de s'élever et amenait rapidement l'orage de mon côté. Je m'empressai de chercher un abri dans une caverne voisine après m'être assuré, toutefois, que j'étais le seul hôte qu'elle renfermait. De là, je pus suivre du regard les évolutions de l'orage. Une longue colonne humide semblable à un immense géant se dirigeait rapidement de l'Est vers l'Ouest. Sa base large et confuse comme un brouillard atteignait les sables, tandis que son noir sommet allait se perdre sous la voûte céleste. Déjà l'oasis était envahie par la tourmente, et les têtes verdoyantes des palmiers étaient soumises à ces immenses ondulations que nous offre la mer en courroux. Puis j'entendis l'orage passer bruyamment au-dessus de ma tête et je pus le voir se dissiper graduellement dans le lointain : vite il s'était formé, et vite il s'évanouit comme un caprice.

Comme la nuit approchait, je quittai mon abri pour me diriger vers Laghouat. De petites flaques d'eau s'étaient formées dans les endroits bas du désert et venaient désaltérer pour la dernière fois peut-être cette végétation que devaient bientôt sécher un soleil implacable et des vents brûlants. J'aspirais avec bonheur ces senteurs fraîches et vivifiantes que laissent échapper les plantes et la terre après l'orage, surtout au printemps. Je voyais passer près de moi de nombreux troupeaux de chèvres et de brebis qui regagnaient en bêlant leurs étables, tandis que plus loin de nombreux chameaux paissaient en marchant et obéissaient à regret à deux chameliers, vrais enfants du désert, qui, pour les stimuler, poussaient des cris et des sifflements étranges. Bientôt je pénétrais dans l'oasis par l'allée du Sud, où tout paraissait plus frais et plus vert après l'orage. Mes yeux se reposaient surtout avec bonheur sur de petits champs de blé beaucoup plus précoces que celui qui croît dans le Midi de la France. De nombreuses gouttelettes de pluie semblables à des perles limpides brillaient suspendues aux barbes des épis et aux feuilles engaînantes de la tige. La vue d'une graminée si répandue dans mon pays natal, vint réveiller mes souvenirs et c'est avec une sorte de charme mélancolique que je rentrai dans Laghouat, en rêvant à une patrie éloignée et aux impressions de mes premières années...

Les épis, les fleurs, le troupeau...
M'apportaient doux parfum d'enfance,
Doux souvenir de mon hameau !

Imité de LEMOINE.

III.

Le 15 mai, vers une heure de l'après-midi et par un temps très chaud, je m'acheminais par l'allée du Nord de l'oasis, vers la ligne de montagnes qui bornent l'horizon du côté du Nord et dont j'ai déjà parlé. Mon pas était rapide malgré l'ardeur d'un ciel brûlant, (56° centigrades au soleil), aussi bientôt je franchissais le précieux fossé destiné à conduire l'eau nécessaire à l'irrigation de nombreux jardins et de quelques champs de blé prêts à moissonner ; puis je traversai la plaine qui me séparait de la montagne vers laquelle je me dirigeais. A mon approche, des allouettes d'espèces variées quittaient l'abri qu'elles avaient choisi pour se protéger contre la chaleur, et de temps à autre des mères couveuses s'enfuyaient de leurs nids en faisant entendre des notes plaintives De petits lézards et des insectes aux longues pattes osaient seuls se hasarder sur ce sol brûlant, tandis que de rares abeilles bourdonnaient autour de moi en se hâtant de puiser le peu de nectar qui restait au fond des corolles à demi-flétries des fleurs qui existaient encore. Les touffes de plantes que je foulais sous mes pieds faisaient entendre une crépitation sèche en se brisant, car déjà leur sève avait été violemment évaporée par un soleil implacable. Au moment de franchir un petit ravin rocailleux, j'aperçus près de moi un magnifique serpent étendu au soleil. Son corps svelte s'était disposé en replis gracieux, et ses écailles, d'un jaune doré, resplendissaient au soleil comme un métal précieux. Je m'élançai pour le prendre, mais il disparut rapidement sous des petits rochers. Plus loin, j'aperçus un grand lézard qui.

à ma vue se sauva dans un trou avec la rapidité d'un trait. Des traces nombreuses de reptiles se voyaient sur cette arène mobile, qui reçoit si facilement des empreintes que le souffle le plus léger suffit pour effacer. Ces traces s'entrecroisaient en mille sens divers et formaient des dessins agréables à voir. Seulement, autour d'une touffe de genêts, elles étaient profondes et confuses; vestige probable et récent d'une lutte ou de tendres ébats.

Après avoir franchi une série de ravines et de lignes de rochers semblables à des chaussées, j'atteignis le pied de la montagne. Aucune brise ne venait tempérer l'implacable ardeur des rayons du soleil dont un sol embrasé et des rochers polis augmentaient l'intensité en les réfléchissant. Presque suffoqué et ruisselant de sueur, je m'assis un instant pour reprendre haleine au milieu de cette espèce de foyer ardent, n'ayant pour toute protection que l'ombre projetée par un couvre-chef en feutre. Pendant que j'appelais à mon secours la résignation et surtout une bonne brise, j'occupais mon regard à suivre, sur le versant de la montagne, ces stratifications rocheuses qui s'étendent en longues zones superposées et parallèles à la direction de la chaîne de montagnes qu'elles forment. Quelques touffes d'alfa, de rares et pauvres arbustes rabougris, quelques plantes déjà desséchées protestaient à peine contre cette nature stérile et morte. Partout régnait une teinte grisâtre, triste signe d'aridité. Vainement eût-on cherché des traces de ces ombreuses forêts et de ces cascades rafraîchissantes qui rendent le séjour de nos Pyrénées si agréable pendant l'été. — Auprès de moi gisaient de nombreux cristaux de sulfate de chaux. J'en admirais les plus beaux... lorsque j'aperçus soudain à mes côtés deux yeux fauves qui me regardaient avec une fixité menaçante. La tête à laquelle ils appartenaient était surmontée de deux petites éminences et je reconnus aussitôt une vipère B. qui s'était jusque-là dérobée à ma vue, parce qu'elle était en partie enfoncée dans le sable. Les excursions précédentes m'avaient donné du sang-froid et la connaissance des allures de ce reptile: aussi, sans lui laisser en quelque sorte le temps de se ramasser, j'avais bondi sur lui et un instant m'avait suffi pour le maintenir immobile sous mes pieds et en faire mon prisonnier malgré sa rage et ses efforts.

Satisfait de cette prise, je me mis à escalader le rapide versant de la montagne. Tantôt les rochers roulaient sous mes pieds, tantôt j'étais obligé de m'accrocher avec mes mains ou de faire de grands sauts. Enfin, après des efforts redoublés, j'arrivai au sommet. A l'instant, une brise rafraîchissante vint me procurer la plus agréable des sensations et me faire oublier ma peine, pendant que sous mes yeux se déroulait un tableau des plus grandioses. Appuyé sur le canon de mon fusil, à la manière des contrebandiers pyrénéens, j'aspirais avec bonheur cette brise du désert qui, soufflant en liberté comme le vent de la mer, semblait apporter avec elle un enivrant parfum d'indépendance. Je me sentais presque revivre, et dans un moment d'enthousiasme, je me serais écrié avec lord Byron : « Que les hommes amis du lâche repos regardent les voyages comme une folie et s'étonnent qu'on abandonne son fauteuil pour faire une route fatigante et parcourir de longues, bien longues distances, n'importe ! il est doux de respirer l'air des montagnes ; il y a là une somme de vie que ne connaîtra jamais l'indolence.»

Je pouvais admirer à mes pieds cette belle et précieuse nappe d'eau qui sort des sables et que l'on nomme *prise d'eau*, parce que c'est là qu'on capte celle qu'on veut diriger vers l'oasis. Un peu plus loin, l'oasis elle-même, parée en ce moment de tout son éclat, étalait sa riche et luxuriante végétation au milieu des sables arides. Des *daïa* éparpillées dans la plaine offraient un peu de verdure fournie surtout par des touffes de jujubiers sauvages, dominées çà et là par de grands bétoum. Ces daïa servent de refuge au gibier, surtout pendant l'été. — C'est vers ces endroits que je me rendais très souvent soit pour y chasser à cheval les gazelles, etc.

soit pour y respirer en quelque sorte avec plus de liberté et loin des entraves sociales... « La civilisation extrême pèse sur l'individualisme et vous ôte pour ainsi dire la possession de vous-même, en retour des avantages généraux qu'elle vous procure (Mme de Staël dans sa prison). Aussi, ai-je entendu dire à beaucoup de voyageurs qu'il n'y avait pas de sensation plus délicieuse que de galopper tout seul dans le désert avec des pistolets dans les fontes et une carabine à l'arçon de la selle. Personne ne veille sur vous, mais aussi personne ne vous entrave. La liberté règne dans le silence et la solitude, et il n'y a que Dieu au-dessus de vous. » (Théophile Gauthier.)

Plongé dans une muette contemplation, je laissais mes yeux se perdre au loin dans cette immensité calme et immobile, à laquelle la vague silhouette d'un chamelier ou d'un cavalier arabe venait prêter de temps en temps une ombre d'animation. Mais mon imagination, plus hardie et plus puissante que mon regard, s'élançait bien loin au-delà de l'horizon pour scruter le vaste désert et ses mystères :

Solitude infertile où l'homme est seul debout :
Cercle démesuré dont le centre est partout...
Du néant taciturne effroyable domaine...

Elle me retraçait les terribles tempêtes de ce véritable océan de sable, dont les flots brûlants, soulevés par un vent plus brûlant encore, ensevelissent, dans leur aveugle courroux, de malheureuses caravanes.

..... Le vent de flamme arrive...
Et son aile puissante, au vol inattendu,
Promène dans les airs le désert suspendu...

(Barthelemy, *Campagne d'Egypte*.)

Après cette longue halte, je descendis par l'autre versant de la montagne pour continuer mes recherches. Je pouvais remarquer que déjà les reptiles préféraient les réduits protégés contre les rayons du soleil. Une heure après, je tenais en ma possession deux autres vipères B. que j'avais eu le bonheur de rencontrer, et je reprenais la direction de Laghouat, tout heureux de ne pouvoir dire comme l'empereur Titus : J'ai perdu ma journée.

Le lecteur sait déjà que pendant mes *excursions* je ne négligeais pas la botanique ; aussi, ne me paraît-il pas déplacé de transcrire, au sujet de la flore des environs de Lahgouat, les lignes suivantes puisées dans « l'*Itinéraire* d'un voyage de botanique en Algérie, entrepris en 1856, sous le patronage du ministère de la guerre, par M. Cosson.

« La flore des environs de Laghouat, dit-il, est riche et très variée, et, malgré l'attitude assez grande de cette partie du Sahara, on y rencontre la plupart des espèces que nous avons signalées à Biskra, située seulement à une altitude de 75 mètres, mais à une latitude d'environ un degré plus au Nord. La richesse de cette flore et son caractère saharien s'expliquent par la réunion, sur un espace restreint de montagnes peu élevées, de rochers, de plaines argilo-sablonneuses, de sables mobiles, des alluvions de l'Oued Mzi, l'un des plus importants cours d'eau de la région saharienne et par l'absence, au midi, de montagnes assez élevées pour empêcher l'influence prédominante du vent du Sud. L'exploration du pays, dans la saison déjà avancée ou nous l'avons visité, ne pouvait nous donner qu'une idée imparfaite de la végétation ; aussi, au lieu de rendre compte du résultat de nos herborisations, croyons-nous devoir réunir dans une liste l'indication de la plupart des plantes observées par M. Tisseire, etc., qui nous a fourni d'importants documents... »

A cela, je vais ajouter le nom de quelques-unes des plantes que j'ai colligées aux environs de Laghouat en 1856, et qui ont été comprises au grand catalogue publié dans le *Bulletin de la société de botanique de France, 1857*.

CRUCIFÈRES	Savignia longistyla. Cordylocarpus muricatus.
MALVACÉES	Althœa Ludwigii.
BALANOPHORÉES	Cynomorium coccineum.
COMPOSÉES (CORYMBIFÈRES) ..	Gymnarrhena micrantha. Leyssera capillifolia.
ASCLÉPIADÉES ...	Periploca angustifolia.
BORRAGINÉES....	Solenanthus lanatus.
OROBANCHACÉES.	Philipea Ægyptiaca.
LILIACÉES	Uropetalum serotinum.

ERRATA.

Page 41. — Ligne 9 au lieu de : *boillonnees*, lisez : *ballonnees*.
Page 49. — Ligne 23, au lieu de : *dix centimètres*, lisez : *dix millimètres*.

Alger. — Imprimerie de A. BOURGET, rue Sainte n° 2.

www.ingramcontent.com/pod-product-compliance
Ingram Content Group UK Ltd.
Pitfield, Milton Keynes, MK11 3LW, UK
UKHW021000180726
13838UKWH00003B/1403